All day Everyday

with

양지안 (Lindsay Yang)
바이타믹스 코리아 데몬스트레이터

All day Everyday with Vitamix

바이타믹스와 함께 매일을 채우는 건강한 레시피 75

초판 1쇄 인쇄 2025년 1월 15일
초판 1쇄 발행 2025년 2월 3일

지은이 양지안, 장우석 | **저작권자** 주식회사 아이피씨 | **프로젝트 협력·지원** 유영현 | **펴낸이** 박윤선 | **발행처** (주)더테이블

기획·편집 박윤선 | **책임편집** 김영란 | **디자인** 김보라 | **사진** 박성영 | **스타일링** 이화영
영업·마케팅 김남권, 문성빈 | **경영지원** 김효선, 이정민

주소 경기도 부천시 조마루로385번길 122 삼보테크노타워 2002호
홈페이지 www.icoxpublish.com | **쇼핑몰** www.baek2.kr (백두도서쇼핑몰) | **인스타그램** @thetable_book
이메일 thetable_book@naver.com | **전화** 032) 674-5685 | **팩스** 032) 676-5685
등록 2022년 8월 4일 제 386-2022-000050 호 | **ISBN** 979-11-92855-16-5 (13590)

EASY • QUICK • DELICIOUS RECIPE 75

바이타믹스와 함께
매일을 채우는 건강한 레시피 75

양지안, 장우석 지음

더 테이블
THE: TABLE

PROLOGUE

"왜 이 동네 부엌엔 다 바이타믹스가 있는 거지?"

미국에서 아이를 키우며 생활하던 시절, 학군이 좋고 고급 주택이 모여 있는 소위 '부자 동네'의 한 가정집에 미국 친구의 초대를 받아 놀러 간 적이 있습니다. 그 집 부엌에 반짝반짝 영롱하게 빛나던 바이타믹스를 마주친 게 저와 바이타믹스의 첫 만남이었습니다. 그 후 같은 동네 집 대부분의 부엌에 바이타믹스가 자리하고 있는 것을 보았고, '나만 몰랐구나!' 하는 충격을 받았습니다. 그래서 브랜드를 검색하고 백화점으로 가서 구입하게 되었습니다. 미국도 아이들 교육에 관심이 많고 생활 수준이 높은 가정에서는 그만큼 가족 건강을 중요하게 생각합니다. 그래서 그런 집엔 다 바이타믹스가 있었던 것이죠! 아, 건강한 매일의 습관을 블렌더가, 그중에서도 바이타믹스가 잘 도와줄 수 있겠구나. 이것이 제가 블렌더에 관심을 갖고 자주 사용하게 된 계기였습니다.

"잠자는 블렌더를 깨워라!"

친정에도, 친구 집에도, 동료 집에도 대부분의 부엌에는 믹서기, 블렌더가 하나씩은 있습니다. 브랜드는 다 달라도 공통점 하나는 대부분 초반에만 잘 쓰다가 나중에는 점점 관심이 줄어 한쪽 구석에 방치되어 있다는 점입니다. 알고 보면 아침부터 저녁까지, 스무디부터 식사 메뉴까지 매일매일 쓸모가 많은 중요한 블렌더가 부엌 한편에서 쉬고 있다는 사실이 안타까웠습니다. 그래서 의도치 않게 잠자고 있는 블렌더를 깨워 매일매일 우리의 식탁과 일상에서 그 역할을 톡톡히 할 수 있도록 만들자고 결심하게 되었습니다. 이 목표는 바이타믹스가 추구하는 제품 가치관과 아주 잘 맞아떨어졌습니다. 그래서 '바이타믹스 블렌딩 클래스' 라이브 방송을 시작하게 되었고, 바이타믹스를 사용하는 분들뿐만 아니라 블렌더를 갖고 있는 모든 사람들에게 블렌더의 가치를 알리고 다양한 요리에서의 쓰임새를 공유하는 일에 본격적으로 뛰어들었습니다. 이 과정에서 블렌더를 활용한 수많은 레시피가 나오게 되었고, 더 많은 분들께 알려드리고자 하는 마음에 이 책을 쓰게 되었습니다.

"블렌더로는 스무디만 만드는 거 아니야?"

대부분의 블렌더 사용자들이 갖고 있는 생각입니다. 그래서 바이타믹스를 구매하신 분들도 초반에는 스무디를 열정적으로 만들다가 점점 손에서 멀어지는 일이 일어납니다. 하지만 스무디는 기본 중의 기본일 뿐, 블렌더는 매일의 밥상에 한식, 중식, 일식 등으로, 아기의 이유식에서부터 성장하는 청소년기, 그리고 직장인의 간식까지 다양한 방식으로 활용할 수 있습니다. 애피타이저부터 디저트까지 블렌더는 그 진가를 발휘하죠. 스무디만 만들다가 블렌더와 점점 멀어진 분들, 내가 큰맘 먹고 구입한 이 블렌더를 정말 잘 활용하고 싶은 분들이 이 책과 함께하길 바랍니다.

"투자한 만큼 누리세요!"

이 책은 스무디를 비롯해 음료, 차가운 디저트, 따뜻한 수프, 사이드 메뉴, 식사 메뉴, 디저트까지 일상에서 쉽게 만들 수 있고 가족 구성원 모두에게 전달될 수 있는 다양한 레시피를 수록하였습니다. 블렌더를 나만의 든든한 보조 셰프라 생각하며 잘 활용할 수 있도록, 큰맘 먹고 구매한 블렌더를 오래오래 쓸 수 있게 찬찬히 따라 하시며 나만의 레시피로 응용해 보세요. 이제 처음 요리를 시작하는 초보 사용자도, 요리 경험이 많지만 블렌더를 활용하는 것이 아직 어색한 사용자도 모두 쉽게 따라 할 수 있습니다. 특히 바이타믹스를 사용하는 분들에게는 완벽하게 설계된 프리미엄 블렌더에 가격을 투자한 만큼 본전을 확실하게 뽑을 수 있도록 도와드리겠습니다. 자, 이제 저와 함께 잠자고 있는 블렌더를 깨우러 가실까요? 블렌더와 함께 바이타믹스와 함께 더 건강하고 맛있게 새로운 일상을 시작해 보겠습니다!

2025년 1월, 저자 **양지안**

NOTE OF GRATITUDE

We are pleased to celebrate our eleventh anniversary of service in South Korea in partnership with IPC Ltd., marking a fantastic journey shared with many of you. This milestone is a testament not only to the enduring appeal of healthy living and nutrition but also to Vitamix's innovative spirit.

For generations, Vitamix has been synonymous with quality, performance, and versatility. From its beginnings in 1921 as the Natural Food Institute, my great-grandfather William Grover Barnard's vision of whole-food nutrition laid the foundation for a company that would revolutionize kitchens worldwide.

Over the decades, Vitamix has been at the forefront of innovation, from introducing the first blender in 1937 to the high-performance machines we know and love today. Our mission has always been to empower individuals around the world to create delicious and nutritious meals, and we are proud to have played a part in your culinary journey.

This recipe book celebrates the rich heritage of Korean cuisine and explores Vitamix's versatility in bringing those flavors to life. From the Korean Melon Smoothie to Eomuk and Injeolmi, each Korean recipe penned for this book is an homage to Korean culture and our commitment to celebrating traditions that unite us all.

We are excited to celebrate this achievement with you and look forward to many more years of culinary inspiration.

Sincerely,

David J Barnard
Chairman of the Board

감사의 글

우리는 주식회사 아이피씨와의 파트너십을 통해 한국에서의 서비스 11주년을 축하하게 되어 매우 기쁩니다. 여러분과 함께한 이 멋진 여정은 우리의 건강한 삶과 영양에 대한 지속적인 관심뿐만 아니라 바이타믹스의 혁신적인 정신을 증명하는 중요한 이정표이기도 합니다.

바이타믹스는 여러 세대에 걸쳐 품질, 성능, 그리고 다재다능함의 상징이 되어왔습니다. 1921년 내추럴 푸드 인스티튜트(Natural Food Institute)로 시작한 이래, 제 증조부 윌리엄 그로버 바나드(William Grover Barnard)의 홀푸드 영양에 대한 비전은 전 세계 주방에 혁신을 일으키는 회사의 초석이 되었습니다.

바이타믹스는 1937년 최초의 블렌더를 선보인 이후, 오늘날 우리가 사랑하는 고성능 제품에 이르기까지 수십 년 동안 혁신의 선두에 서 왔습니다. 우리의 사명은 전 세계 사람들이 맛있고 영양가 있는 음식을 손쉽게 준비할 수 있도록 돕는 것이며, 여러분의 요리 여정에 함께할 수 있었던 것을 자랑스럽게 생각합니다.

이 레시피 북은 한국 요리의 깊은 전통을 기념하며, 바이타믹스가 그러한 맛을 더 풍성하게 만들어주는 도구로써 얼마나 다양하게 사용될 수 있는지를 보여줍니다. 참외 스무디, 어묵, 인절미까지, 이 책에 담긴 각 한국 요리 레시피는 한국 문화에 대한 헌사이자, 우리 모두를 하나로 연결해 주는 한국의 전통을 함께 기념하려는 우리의 헌신을 담고 있습니다.

여러분과 함께 이 레시피 북의 발간을 축하하게 되어 매우 기쁘며, 앞으로도 계속 요리에 대한 영감을 함께 만들어 갈 수 있기를 기대합니다.

감사합니다.

데이비드 J 바나드

바이타믹스 이사회 의장

CONTENTS

BASIC RECIPES | 기본 레시피

SMOOTHIES & BEVERAGES | 스무디 & 음료

FROZEN DESSERTS | 차가운 디저트

SOUPS | 따뜻한 수프

DIPS & SPREADS & DRESSINGS | 딥 소스 & 스프레드 & 드레싱

MEALS & SIDES | 식사 & 사이드

DESSERTS & SNACKS | 디저트 & 스낵

DRY INGREDIENTS GRINDING | 마른 재료 그라인딩

바이타믹스 이야기:
100년의 건강과 혁신

바이타믹스의 이야기는 단순한 제품 판매를 넘어, 건강과 영양을 향한 깊은 사명으로 가득 찬 '파파 바나드'라는 애칭으로 불리던 윌리엄 그로버 바나드(William Grover Barnard)에서 시작됩니다. 가정에서 건강한 음식을 쉽게 준비할 수 있도록 돕겠다는 사명으로 시작한 그는 1921년에 Barnard Sales Co.를 창립해 가정용품 판매를 시작했습니다. 첫 번째 성공 상품은 25센트짜리 폴리 캔 오프너였고, 이 작은 도구는 사람들이 손쉽고 안전하게 영양을 챙길 수 있게 해주었습니다.

그는 가족 중 한 명이 만성 질환을 앓게 되면서 전통적인 치료 대신 자연식을 선택하게 되었습니다. 그들은 이를 통해 진정한 건강은 단순한 약이 아닌, 식단에서부터 나온다는 깨달음을 얻게 되었고, 이후 채식주의를 시작하며 설탕과 카페인까지 모두 끊었습니다. 이러한 변화가 가져온 놀라운 건강에 대한 효과는 그들에게 '홀푸드를 통한 영양'이 건강한 삶에 필수적이라는 신념을 갖게 했습니다.

바이타믹스 블렌더의 탄생

1937년, 파파 바나드는 회사를 Natural Foods Institute로 개명하고, 건강한 전통 식단을 알리기 위한 활동을 본격화합니다. 그는 자연식이 여러 질병의 예방과 치료에 효과적이라는 내용을 담은 책을 출간하며 홀푸드를 통한 영양의 중요성을 알리기 시작했습니다. 같은 해 그와 아들 빌 바나드는 Great Lakes Expo에 참여하여 처음으로 블렌더를 접하게 되는데, 이 기기가 건강한 음식을 더 쉽게 준비할 수 있는 잠재력을 지니고 있다고 느낀 바나드 부자는, 이 기기를 활용해 사람들이 통합 영양을 더 쉽게 실천할 수 있도록 하고자 했습니다. 그리하여 탄생한 블렌더가 바로 Vita-Mix(바이타믹스)입니다.

'Vita'는 라틴어로 생명 또는 활력을 의미하며, 이는 건강한 음식이 삶의 활력을 불어넣는다는 바나드 가문의 신념을 반영합니다. 또한 'Mix'는 다양한 재료를 혼합하여 균형 잡힌 영양을 제공한다는 의미를 담고 있습니다. 이처럼 'Vita-Mix'라는 이름은 단순한 블렌더의 기능을 넘어 건강하고 균형 잡힌 식습관을 가능하게 하는 도구로써의 정체성을 담고 있습니다.

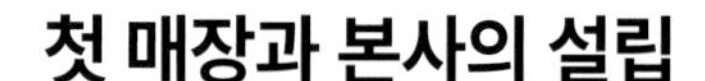

첫 매장과 본사의 설립

1939년, 파파 바나드와 빌은 바이타믹스 블렌더를 알리기 위해 클리블랜드의 세인트 클레어 애비뉴(St. Clair Avenue)에 첫 Natural Foods Institute 건강식품 매장을 열었습니다. 이 매장은 단순히 제품을 판매하는 곳이 아닌, 홀푸드를 통한 영양에 대한 강연과 바이타믹스 블렌더 시연을 통해 사람들에게 건강한 삶을 위한 지식을 전달하는 공간이었습니다. 당시 13.95달러에 판매되던 바이타믹스는 많은 사람들에게 홀푸드를 통한 영양의 새로운 길을 제시했습니다.

1948년, 바이타믹스의 확장에 따라 빌 바나드는 본사의 현재 위치인 오하이오주 올름스테드 타운십에 가지고 있던 자신의 땅에 1,100제곱피트 크기의 목조 건물을 직접 짓고 그곳에서 회사 운영을 위한 체계적인 기반을 마련했습니다. 이곳은 집이자 사무실이면서, 건강을 위한 제품 연구와 개발이 이루어지는 곳이었고, 바이타믹스의 비전을 이어가는 상징적인 장소가 되었습니다. 가족들은 이곳에서 1995년까지 살았습니다.

혁신적인 광고와 바이타믹스의 도약

바나드 부자의 비전은 단순히 블렌더를 판매하는 데 그치지 않았습니다. 그들은 1949년 'Vita-Mix(바이타믹스)' 제품으로 Cleveland WEWS 채널에서 세계 최초의 인포머셜을 진행하는 파격적인 시도를 합니다. 단 18대를 팔면 본전을 찾을 수 있던 이 인포머셜은 그날 무려 400대 이상을 판매하며 엄청난 성공을 거두었고 시장에 강력한 존재감을 드러냈습니다. 그리고 바이타믹스는 단순한 블렌더가 아닌 건강과 영양의 상징으로 자리 잡게 되었습니다. 같은 해, 파파 바나드의 며느리인 루스 바나드는 『500 Recipes for Vita-Mix and Other Liquifying Machines』라는 레시피북을 출간하며, 바이타믹스가 제공할 수 있는 다양한 요리와 영양 레시피를 사람들에게 선보였습니다.

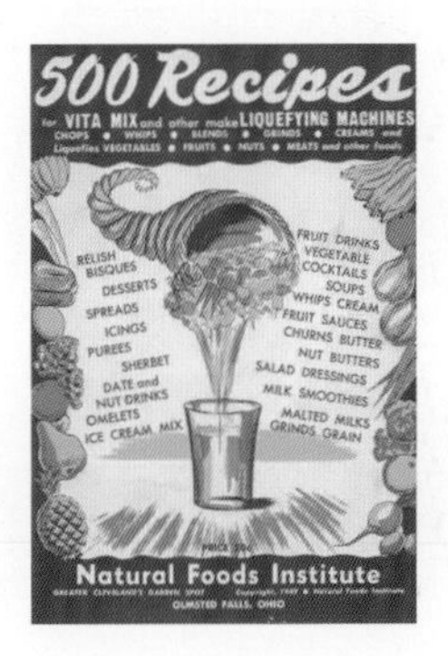

세대교체와 제품 혁신

1955년, 파파 바나드는 경영권을 아들 빌과 며느리 루스에게 물려주며 은퇴했습니다. 빌과 루스는 가족과 함께 미국 전역을 돌며 바이타믹스를 소개하고, 건강한 식습관과 균형 잡힌 영양의 중요성을 알리는 데 주력했습니다. 특히 루스는 비타민이 풍부한 레시피를 개발해, 바이타믹스를 건강한 삶을 위한 필수 도구로 자리 잡게 하는 데 일조했습니다. 이를 통해 바이타믹스는 단순한 블렌더를 넘어 건강한 삶을 위한 파트너로서의 이미지를 구축하게 되었습니다.

다기능 주방기기 'The Mark 20' 출시

1958년, 바이타믹스는 'The Mark 20'이라는 다기능 주방기기를 출시하면서 또 하나의 혁신을 일으켰습니다. 두 가지 속도로 작동하는 이 기기는 액체화, 블렌딩, 냉동, 그라인딩, 이유식 만들기 등 10가지 이상의 기능을 수행할 수 있어 여러 주방 가전을 대체할 수 있는 편리함을 제공했습니다. The Mark 20은 내구성도 뛰어나 현재까지도 eBay와 같은 중고 시장에서 거래되고 있습니다.

Mark 20

그로버 바나드

Vitamix 3600

1962년, 빌의 아들 그로버 바나드가 바이타믹스에 합류하며 회사는 블렌더 개발에 더 집중하게 되었으며, 다음 해에 건강식품 사업은 정리하게 되었습니다. 1966년, 회사명을 공식적으로 Vita-Mix Corporation으로 변경하며 균형 잡힌 영양에 대한 비전을 강화했습니다. 1980년대에 이르러서는 그로버의 형제인 존 바나드가 엔지니어로 합류하면서 또 다른 전환점을 맞이하게 됩니다. 그는 바이타믹스의 설계와 기능을 혁신적으로 발전시키는 데 기여했습니다. 특히 Vitamix 3600 모델을 캐나다 기준에 맞춰 재설계함으로써, 바이타믹스는 본격적으로 국제 시장에 진출할 수 있는 기반을 마련하게 되었습니다. 존 바나드는 이후 바이타믹스의 제품 혁신과 제조, 판매 방식을 새롭게 변화시키며 바이타믹스가 글로벌 시장에서의 입지를 굳히는 데 큰 역할을 했습니다.

글로벌 확장과 네 번째 세대의 리더십

1992년에는 11단계 속도 조절과 현대적인 디자인을 갖춘 Total Nutrition Center(Vita-Mix 5000)를 출시하며 더욱 기능적이고 실용적인 제품으로 발전시켰습니다. 이어 2002년에는 코스트코와 같은 대형 리테일 매장에서 제품 시연을 시작하며 더욱 많은 소비자에게 다가갈 수 있었습니다. 2008년에는 상업용 모델인 Vita-Mix XL®을 출시하며, 학교, 의료시설, 식당 등에서 많은 양의 음식을 준비할 수 있는 솔루션을 제공했습니다.

Total Nutrition Center

Vita-Mix XL®

이후 2009년, 빌의 손녀인 조디 버그(Jodi Berg)가 대표로 취임하면서 바이타믹스는 네 번째 세대의 리더십을 맞이하게 되었습니다. 조디는 '우리가 식습관을 변화시키면, 미래를 바꿀 수 있다'라는 철학을 바탕으로 홀푸드를 통한 영양의 중요성을 더욱 강조하며, 바이타믹스를 80여 개국에 수출하여 수출 우수기업으로 선정되는 성과를 이루었습니다. 그녀의 리더십 하에 바이타믹스는 단순한 가전 브랜드를 넘어 건강한 식습관을 위한 글로벌 선두 주자로 자리 잡게 되었습니다.

100년을 넘어, 미래로 향하는 바이타믹스

바이타믹스 본사

2012년에는 오하이오주 스트롱스빌에 17만 5천 제곱피트(약 4,900평)의 새로운 생산 시설을 설립하여, 연간 100만 대 이상의 블렌더를 생산할 수 있는 기반을 갖추게 되었습니다.

2014년에는 한국에서도 공식 총판 계약을 체결하며 코스트코에서 TNC 5200 모델로 로드쇼를 시작하여 아시아 시장에서의 입지를 더 굳게 다졌습니다.

이후에도 바이타믹스는 Ascent(어센트)와 Venturist(벤처리스트) 시리즈처럼 디지털 기능과 안전성을 강화한 신제품을 선보이며 지속적인 혁신을 이어갔습니다. 2021년, 창립 100주년을 맞이한 바이타믹스는 전 세계 130개국에서 건강한 식습관의 동반자로 자리매김하게 되었습니다. 바이타믹스는 건강한 미래를 만들기 위해 홀푸드를 통한 영양을 지속적으로 연구하며, 바이타믹스 재단을 통해 건강을 위한 다양한 프로젝트를 지원하고 있습니다.

2022년, 바이타믹스는 최초로 비가족 출신 CEO인 스티브 라세르슨(Steve Laserson)을 임명하면서 새로운 시대를 예고하고 있습니다. 스티브는 바이타믹스의 철학을 존중하며 건강한 식습관을 더 많은 사람들에게 전달하는 데 헌신할 것을 다짐했습니다. 바이타믹스는 여전히 초기의 'Vita-Mix'라는 이름이 담고 있는 '생명과 영양의 혼합'이라는 본래의 가치를 유지하면서도, 글로벌 시장에서 더욱 혁신적인 기술과 건강한 삶을 이루는 솔루션을 제공하기 위해 나아가고 있습니다.

100년을 이어온 바이타믹스의 이야기는 건강한 삶을 향한 지속적인 헌신과 노력을 나타냅니다. 바이타믹스는 단순한 블렌더가 아니라, 사람들이 건강한 식습관을 실천하고, 미래의 삶의 질을 향상시킬 수 있는 동반자며 파트너입니다. 앞으로도 바이타믹스는 전 세계가 더 나은 삶을 위해 건강한 선택을 할 수 있도록 끊임없이 혁신을 이어갈 것입니다.

바이타믹스: 완벽한 블렌딩의 새로운 기준

바이타믹스는 100년 이상의 역사를 가진 고성능 블렌더의 선두 주자로, 홀푸드 식품의 영양을 통해 사람들의 삶을 변화시키고자 하는 열정으로 1921년에 시작되어 현재 전 세계 유명 셰프들과 레스토랑, 요리학교, 글로벌 체인 브랜드를 비롯하여 가정에서 세계적인 성능과 강력한 내구성, 완벽한 블렌딩 퀄리티로 신뢰받고 있습니다.

바이타믹스를 선택해야 하는 이유

1. 강력한 모터와 완벽한 조화

강력한 경화 스테인리스강 칼날과 강력한 모터, 그리고 블렌더 모든 부분의 완벽한 조화를 통해 어떤 재료도 부드럽고 균일한 텍스처로 만들 수 있습니다.

2. 강력한 내구성

- 바이타믹스는 경쟁사 대비 10배 더 강력한 내구성을 자랑하며, 최대 10년 보증(모델에 따라 다름) 기간을 제공합니다.
- 미국에서는 대를 물려 쓰는 블렌더로도 알려져 있습니다.

3. 다양한 기능

- 스무디, 따뜻한 수프, 차가운 디저트, 너트 버터, 딥 앤 스프레드, 소스, 드레싱 등 다양한 레시피에 사용 가능합니다.
- 텍스처 조절이 가능해 거친 다지기와 식재료 준비부터 부드러운 퓌레와 스무디까지 다양한 질감을 구현할 수 있습니다.

4. 사용자 편의성

- **자동 프로그램 기능(일부 모델):** 자동 프로그램으로 손쉽고 일관성 있는 블렌딩이 가능하며, 블렌더가 작동하는 동안 다른 작업을 할 수 있어 시간 활용도가 높아집니다.
- **SELF-DETECT® 기술(일부 모델):** 제품 본체에 올려진 컨테이너의 종류를 자동으로 감지해 최대 블렌딩 시간을 자동 설정하고, 인터락 기술을 통해 제품을 더 안전하게 사용할 수 있습니다.
- **디지털 타이머(일부 모델):** 블렌딩 시간을 초 단위로 정확하게 측정하거나 설정할 수 있어 일관성 있는 블렌딩이 가능합니다.

5. 환경과 건강을 위한 선택

과일과 껍질, 씨앗, 섬유질 등을 포함한 홀푸드 식품 섭취를 통해 음식물 낭비를 줄이는 동시에 영양소를 최대로 섭취할 수 있도록 합니다.

바이타믹스는 단순한 블렌더를 넘어, 10배 더 강력한 내구성으로 세대를 거쳐 창의적인 요리와 건강한 식습관을 통한 풍미와 열정이 넘치는 삶을 살 수 있도록 돕는 파트너이자 삶의 동반자입니다.

아래 내용을 통해 바이타믹스의 주요 시리즈(Ascent, Venturist, Explorian) 중 어떤 것이 나에게 적합한 선택지인지 확인해 보시기 바랍니다.

Ascent(어센트) 시리즈

Ascent 시리즈는 스마트 블렌더 라인 중 하나로, 바이타믹스의 최첨단 기술과 세련된 디자인을 자랑하는 프리미엄 라인입니다.

특장점

1. SELF-DETECT® 기술

- 제품 본체에 올려진 컨테이너의 종류를 자동으로 감지해 최대 블렌딩 시간을 자동 설정합니다.
- 잘못된 컨테이너 사용을 방지하고 인터락 기술을 통해 제품을 더 안전하게 사용할 수 있습니다.

2. 디지털 타이머

블렌딩 시간을 초 단위로 정확하게 측정하거나 설정할 수 있어 일관성 있는 블렌딩이 가능합니다.

3. 프로그래밍 기능

스무디, 차가운 디저트, 따뜻한 수프 등 미리 설정된 자동 프로그램으로 손쉽고 일관성 있는 블렌딩이 가능하며, 블렌더가 작동하는 동안 다른 작업을 할 수 있어 시간 활용도가 높아집니다(해당 모델: A2500i, A3500i).

4. 모델별 차이점

- **A2300i:** 기본 모델로, 속도 조절 다이얼과 펄스 기능을 제공합니다.
- **A2500i:** A2300i 기능에 3가지 자동 프로그램 기능(스무디, 차가운 디저트, 따뜻한 수프)을 제공합니다.
- **A3500i:** 유일하게 터치스크린 인터페이스 적용, 디지털 타이머 제공, 5가지 자동 프로그램 기능(스무디, 차가운 디저트, 따뜻한 수프, 딥 앤 스프레드, 자동 세척), 메탈 소재 바디를 제공합니다.

5. 10년 보증

※ **추천 사용자:** 최신 기술과 스마트한 주방 경험, 고급스러운 디자인을 원하는 사용자.

Venturist(벤처리스트) 시리즈

Venturist 시리즈는 스마트 블렌더 라인 중 하나로, Ascent 시리즈의 기능을 기반으로 실용성과 성능을 겸비한 중급 라인입니다.

특장점

1. SELF-DETECT® 기술

- 제품 본체에 올려진 컨테이너의 종류를 자동으로 감지해 최대 블렌딩 시간을 자동 설정합니다.
- 잘못된 컨테이너 사용을 방지하고 인터락 기술을 통해 제품을 더 안전하게 사용할 수 있습니다.

2. 디지털 타이머

블렌딩 시간을 초 단위로 정확하게 측정하거나 설정할 수 있어 일관성 있는 블렌딩이 가능합니다.

3. 모델의 차별성

스마트 블렌더의 스마트 기능과 클래식 블렌더의 직관적인 인터페이스를 갖춘 실용성과 성능에 중점을 둔 시리즈입니다.

4. 10년 보증

※ **추천 사용자:** 기능성과 경제성을 모두 중시하는 사용자.

Explorian(익스플로리언) 시리즈

Explorian 시리즈는 바이타믹스의 입문형 라인으로, 가격 대비 뛰어난 성능을 제공합니다.

특장점

1. 기본 성능에 충실

- 10단계 속도 조절 및 펄스 기능 제공합니다.
- 강력한 모터로 부드러운 스무디부터 질감이 있는 소스까지 다양한 레시피가 가능합니다.

2. 직관적인 조작

다이얼과 스위치 기반의 조작 시스템으로 간단하게 사용할 수 있습니다.

3. 프로그래밍 기능

스무디, 차가운 디저트, 따뜻한 수프 등 미리 설정된 자동 프로그램으로 손쉽고 일관성 있는 블렌딩이 가능하며, 블렌더가 작동하는 동안 다른 작업을 할 수 있어 시간 활용도가 높아집니다(해당 모델: E510, E520).

4. 경제적 선택지

Ascent 시리즈나 Venturist 시리즈보다 낮은 가격에 동일한 블렌딩 퍼포먼스를 제공합니다.

5. 최대 7년 보증

※ **추천 사용자:** 바이타믹스를 처음 사용하는 사용자, 기본 기능만 필요한 실속형 사용자.

바이타믹스 제품 선택 가이드

제품명	E310	E320	E510	E520
	Explorian(익스플로리언) 시리즈			
프로그램 기능			스무디, 차가운 디저트, 따뜻한 수프	스무디, 차가운 디저트, 따뜻한 수프
속도 조절	✓	✓	✓	✓
펄스 기능	✓	✓	✓	✓
터치 인터페이스				
디지털 타이머 기능				
SELF-DETECT® 기술				
인터락 기술				
구성 컨테이너	1.4L 컨테이너	2.0L 로우-프로파일 컨테이너	1.4L 컨테이너	2.0L 로우-프로파일 컨테이너
투명한 컨테이너 뚜껑				
품질 보증 기간	5년	7년	5년	7년
컨테이너	**E310**	**E320**	**E510**	**E520**
1.4L 인터락 컨테이너 (기본)				
1.4L 드라이 인터락 컨테이너				
1.4L 에어 디스크 인터락 컨테이너				
2.0L 로우-프로파일 인터락 컨테이너 (기본)				
600ml PCA (퍼스널 컵 어댑터)	✓	✓	✓	✓
0.9L 컨테이너 (기본)	✓	✓	✓	
0.9L 드라이 컨테이너	✓	✓	✓	✓
1.4L 컨테이너 (기본)	✓	✓	✓	✓
2.0L 로우-프로파일 컨테이너 (기본)	✓	✓	✓	✓

V1200i	A2300i	A2500i	A3500i
Venturist(벤처리스트) 시리즈	Ascent(어센트) 시리즈		
		스무디, 차가운 디저트, 따뜻한 수프	스무디, 차가운 디저트, 따뜻한 수프, 딥 소스 & 스프레드, 자동 세척
✓	✓	✓	✓
✓	✓	✓	✓
			✓
작동 시간 설정/확인 가능	작동 시간 확인 가능	작동 시간 확인 가능	작동 시간 설정/확인 가능
✓	✓	✓	✓
✓	✓	✓	✓
2.0L 로우-프로파일 컨테이너	2.0L 로우-프로파일 컨테이너	2.0L 로우-프로파일 컨테이너	2.0L 로우-프로파일 컨테이너
✓	✓	✓	✓
10년	10년	10년	10년
V1200i	**A2300i**	**A2500i**	**A3500i**
✓	✓	✓	✓
✓	✓	✓	✓
✓	✓	✓	✓
✓	✓	✓	✓

바이타믹스 컨테이너 & 칼날 소개

바이타믹스 컨테이너는 다양한 모양의 칼날 설계로 다양한 레시피를 구현하게 하여 사용자에게 풍미가 넘치는 건강한 삶을 제공합니다.

컨테이너

1.4L 인터락 컨테이너 (기본)

1.4L 드라이 인터락 컨테이너

1.4L 에어 디스크
인터락 컨테이너

2.0L 로우-프로파일
인터락 컨테이너 (기본)

600ml PCA (퍼스널 컵 어댑터)

0.9L 컨테이너 (기본)

0.9L 드라이 컨테이너

1.4L 컨테이너 (기본)

2.0L 로우-프로파일 컨테이너 (기본)

* 컨테이너에는 75°C 이하의 재료만 넣어 블렌딩합니다. PCA (퍼스널 컵 어댑터) 경우 실온 이상의 재료를 사용하지 않습니다.

칼날

Wet(기본) 컨테이너

Dry(드라이) 컨테이너

Aer Disc(에어 디스크) 컨테이너

* 이 책의 레시피 파트에서는 세 가지 칼날을 아래의 아이콘으로 표시했습니다.

Wet

Dry

Aer Disc

용도
스무디, 따뜻한 수프, 차가운 디저트, 소스 등 일상생활에서 주로 많이 만드는 액체 기반 레시피에 적합합니다.

특징
블레이드가 강력한 소용돌이(Vortex)를 생성하며 부드럽고 균일한 블렌딩을 제공합니다.

용도
통곡물과 같은 마른 재료 및 천연 조미료 분쇄, 반죽 혼합에 적합합니다.

특징
유니크한 블레이드가 역방향 소용돌이(Reverse Vortex)를 생성하며 재료를 들어 올려 마른 재료가 블레이드 주변에 뭉치는 것을 방지하고 효과적으로 분쇄합니다.

용도
휘핑크림, 칵테일, 마요네즈, 드레싱 등의 레시피에 적합합니다.

특징
바이타믹스만의 특허받은 기술이 적용되어, 칼날 대신 작은 구멍이 있는 디스크를 사용해 블렌딩이 아닌 포밍, 휘핑, 머들링, 유화 등의 테크닉을 구현합니다.

간편하고 완벽한 블렌딩을 위한 팁

바이타믹스 블렌더의 활용도를 높여 줄 다양한 팁을 소개합니다. 각각의 팁은 큐알 코드를 통해 영상으로도 확인하실 수 있습니다.

재료 투입 순서

❶ 액체류: 물, 주스, 요거트
↓
❷ 마른 재료: 곡물, 양념, 가루류
↓
❸ 잎채소
↓
❹ 과일 & 채소
↓
❺ 얼음 및 냉동 재료

이 순서로 재료를 넣으면 무거운 재료가 가벼운 재료를 눌러 블렌딩이 더 빠르고 원활하도록 합니다. 이렇게 하면 블렌더가 과부하되는 것을 방지하고, 특히 칼날 주변에 공기층이 생기는 캐비테이션(Cavitation) 현상을 방지할 수 있습니다.

고속 블렌딩

스무디나 따뜻한 수프, 후무스, 차가운 디저트와 같은 질감 있는 레시피를 만들 때는 저속으로 시작해 고속으로 속도를 빠르게 올리면 더 쉽고 빠르게 최고의 결과를 얻을 수 있습니다. 고속 블렌딩은 블렌딩 시간을 줄이고, 모터도 시원하게 유지해 줍니다. 레시피에 따라 속도 조절이 필요할 수 있지만, 속도 조절이 고민될 때는 고속 블렌딩을 권장합니다.

대용량 블렌딩

많은 양을 준비해야 한다면, 컨테이너를 가득 채워 블렌딩해 줍니다. 바이타믹스는 강력한 모터 파워와 컨테이너를 비롯해 블렌더의 모든 부분의 완벽한 조화를 통해 컨테이너에 재료가 가득 차 있어도 문제없이 블렌딩할 수 있습니다. 블렌딩을 시작하면 재료의 부피가 줄어들기 때문에, 뚜껑 플러그를 통해 더 많은 재료를 추가할 수 있습니다.

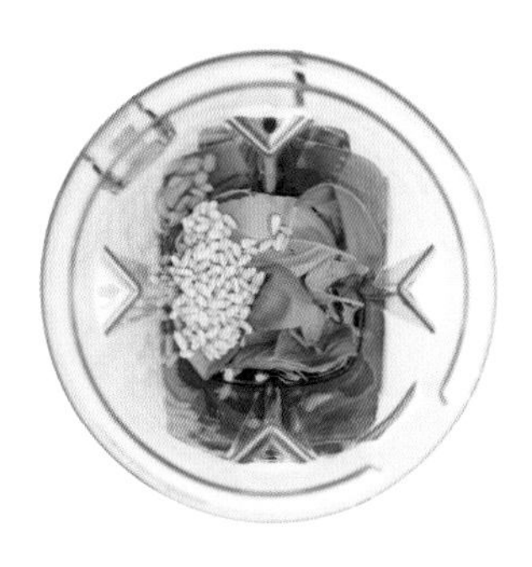

간편한 재료 손질

바이타믹스는 큰 크기의 과일이나 채소를 빠르고 간편하게 작은 크기로 만들어 주기 때문에 재료 손질이 훨씬 쉬워집니다. 사과나 배 같은 재료는 4등분으로 잘라주면 충분하며, 당근과 셀러리 같은 재료는 통째로 뚜껑 플러그를 열고 추가할 수 있습니다.

칼날 덮기

블렌딩을 할 때는 최적의 블렌딩을 위해 재료가 최소한 칼날을 덮을 정도의 양으로 투입되도록 하는 것이 좋습니다.

탬퍼 사용

차가운 디저트나 너트 버터와 같이 액체가 별로 없는 레시피나 질기거나 단단한 재료를 블렌딩할 때는 탬퍼를 사용합니다. 탬퍼를 사용해 컨테이너의 네 모서리 쪽을 눌러주면서 공기층을 제거하고, 재료가 소용돌이 모양으로 블렌딩될 때까지 사용하면 좋습니다.

남김없이 사용하기

언더 블레이드 스크레이퍼는 컨테이너의 구석구석까지, 그리고 칼날 아래까지 닿도록 디자인되어, 블렌딩한 재료를 하나도 남김없이 사용할 수 있게 해줍니다.

드롭 초핑 (Drop Chopping)

재료를 작은 크기로 만들거나 다지는 것이 필요할 때는 블렌더가 돌아가는 상태에서 뚜껑 플러그를 열고 양파, 마늘, 당근 등을 떨어뜨려줍니다. 블렌딩 속도에 따라 재료의 크기나 소요 시간은 달라질 수 있으니, 다양한 재료와 여러 속도로 시도해 봅니다.

물을 사용한 초핑 (Wet Chopping)

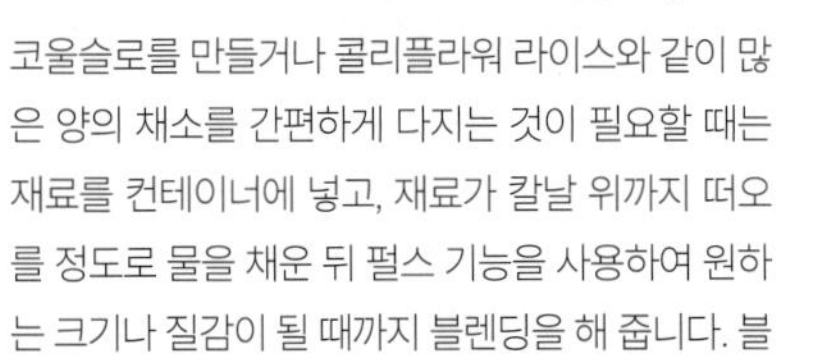

코울슬로를 만들거나 콜리플라워 라이스와 같이 많은 양의 채소를 간편하게 다지는 것이 필요할 때는 재료를 컨테이너에 넣고, 재료가 칼날 위까지 떠오를 정도로 물을 채운 뒤 펄스 기능을 사용하여 원하는 크기나 질감이 될 때까지 블렌딩을 해 줍니다. 블렌딩이 끝나면 채를 사용해 물을 걸러 내면 됩니다.

뚜껑 플러그

컨테이너의 뚜껑 플러그는 소형 계량컵으로도 사용할 수 있습니다. 스마트 시리즈의 인터락 컨테이너 뚜껑 플러그에는 15ml, 30ml 눈금이 표시되어 있어 칵테일이나 블렌딩 시 소량의 액체를 추가할 때 유용하게 사용할 수 있습니다.

자동 세척

모든 바이타믹스 블렌더는 자동 세척이 가능합니다. 컨테이너에 따뜻한 물을 반쯤 채우고 세제를 한두 방울 넣은 뒤 고속으로 30~60초 동안 돌리거나 프로그램 기능이 있는 모델에서는 자동 세척 프로그램을 사용하면 간편하게 컨테이너를 세척할 수 있습니다.

이 책을 활용하는 방법

이 책은 바이타믹스의 한국 론칭 11주년을 맞이해 제작된 레시피 북으로, 한국에서 쉽게 구할 수 있는 재료를 위주로 사용하여 가정에서 쉽게 따라 할 수 있도록 만들어졌습니다. 바이타믹스를 사용하여 건강하고 간편하게 즐길 수 있는 레시피를 담았습니다.

우측 상단에 각 제품이 해당하는 **카테고리를 색상으로 구분**했습니다.

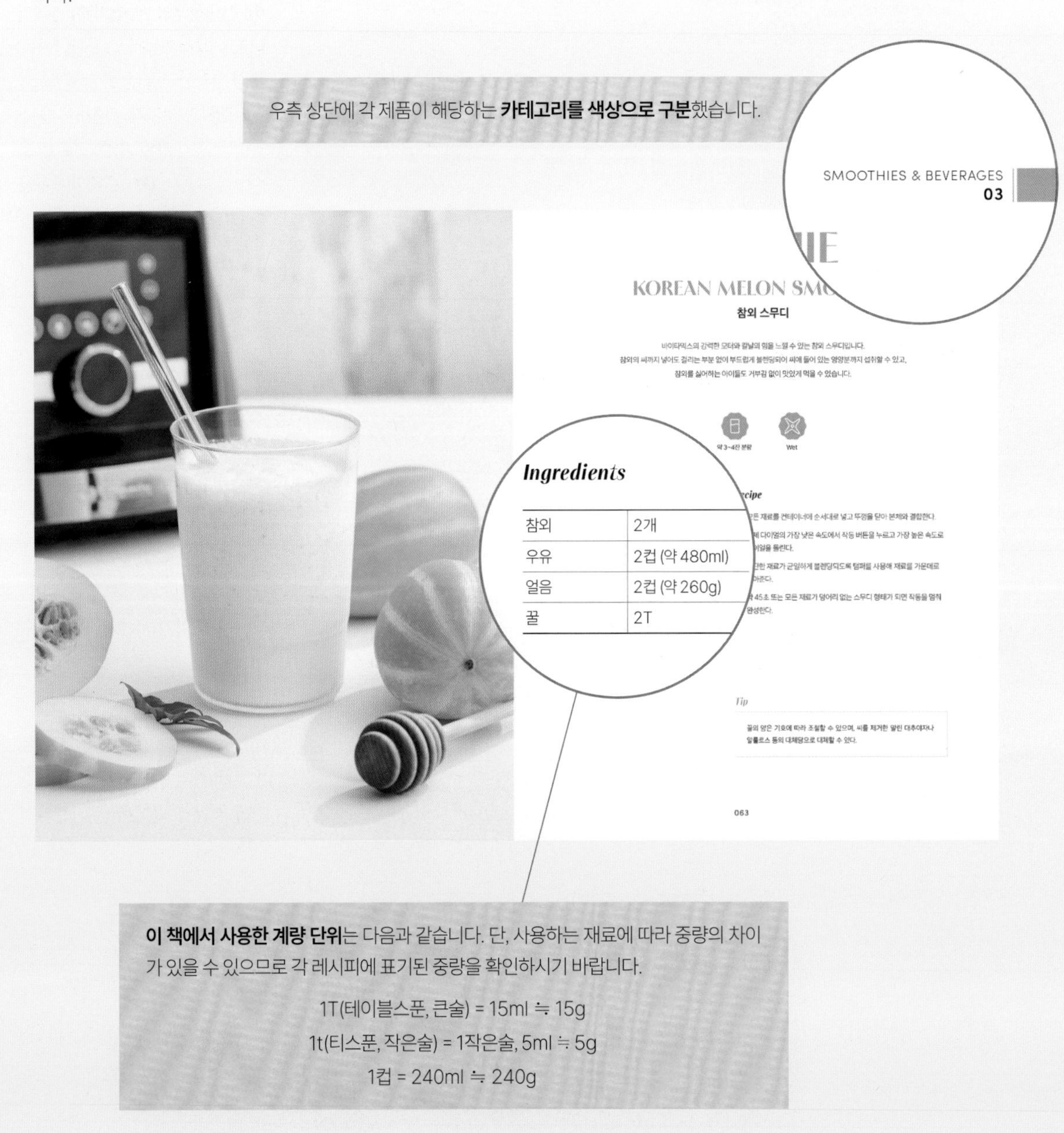

이 책에서 사용한 계량 단위는 다음과 같습니다. 단, 사용하는 재료에 따라 중량의 차이가 있을 수 있으므로 각 레시피에 표기된 중량을 확인하시기 바랍니다.

1T(테이블스푼, 큰술) = 15ml ≒ 15g

1t(티스푼, 작은술) = 1작은술, 5ml ≒ 5g

1컵 = 240ml ≒ 240g

BASIC RECIPES 09

RICE FLOUR

쌀가루

Dry

Ingredients

Recipe

Tip

053

마른 재료 그라인딩은 Dry(드라이) 컨테이너와 Wet(기본) 컨테이너 모두에서 가능하지만, 단단한 재료를 그라인딩할 경우 컨테이너에 스크래치가 생기거나 냄새가 밸 수 있습니다. 따라서, 마른 재료를 그라인딩 할 때는 **Dry 컨테이너 사용을 권장**합니다.

완성된 메뉴의 **용량을 아이콘으로** 넣었습니다.
아이콘이 없는 메뉴는 개인이 필요한 용량만큼 만들어 사용하시면 됩니다.

DIPS & SPREADS & DRESSINGS 02

HOMEMADE MAYONNAISE

홈 메이드 마요네즈

Recipe

Tip

117

이 책에 사용한 이미지는 **바이타믹스를 사용해 실제로 만든 레시피** 이미지입니다.

각 메뉴에 맞는 **바이타믹스 칼날을 아이콘으로** 넣었습니다.
여러 가지 칼날을 사용할 수 있는 경우 사용할 수 있는 칼날 아이콘을 모두 넣었습니다.

Wet　Dry　Aer Disc

Vitamix

바이타믹스의 Vortex (소용돌이)

Vortex는 액체나 공기가 빠르게 회전하며 칼날 중심으로 빨려 들어가는 소용돌이 현상을 의미합니다. 바이타믹스 컨테이너와 칼날은 이 소용돌이 효과를 극대화하여 재료가 칼날 쪽으로 끊임없이 순환되면서 빠르고 부드럽게 그리고 균일하게 블렌딩되도록 설계되었습니다. Vortex는 블렌딩하는 재료에 따라 모양이 다를 수 있습니다.

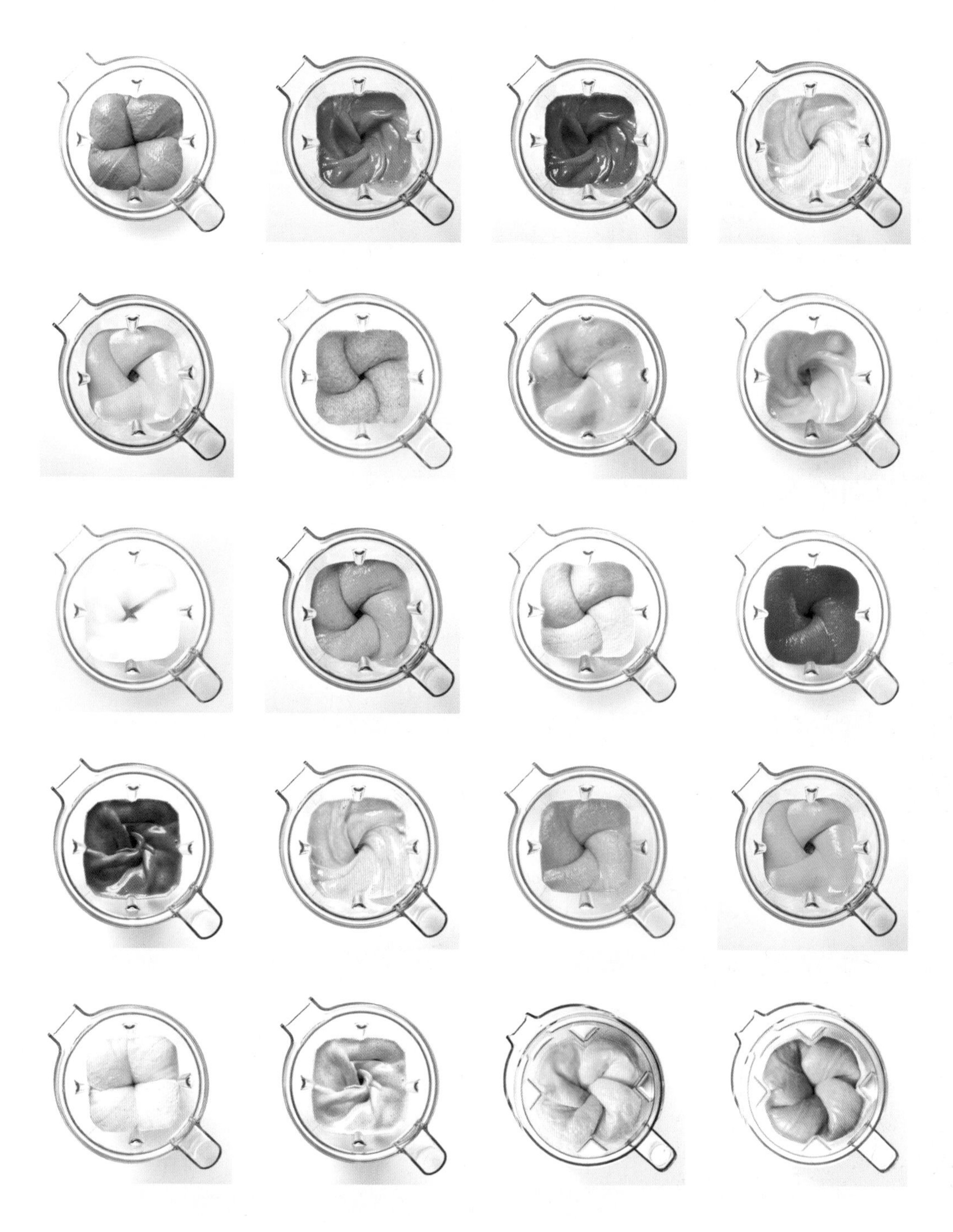

BASIC RECIPES

기본 레시피

01. 아몬드 버터
02. 피넛 버터
03. 아몬드 밀크
04. 오트 밀크
05. 두유
06. 캐슈 크림
07. 대추야자 시럽
08. 오렌지 주스
09. 쌀가루
10. 다진 마늘

ALMOND BUTTER

아몬드 버터

손쉽게 만들어 가족 모두가 건강하게 즐길 수 있는 아몬드 버터입니다.
아몬드만 준비하세요. 나머지는 바이타믹스가 완벽하게 완성해 드립니다.

Wet

Ingredients

볶은 아몬드	4컵 (약 600g)

Recipe

1. 재료를 컨테이너에 넣고 뚜껑을 닫아 본체와 결합한다.
2. 본체 다이얼의 가장 낮은 속도에서 작동 버튼을 누르고 가장 높은 속도로 다이얼을 돌린다.
3. 재료가 칼날을 따라 자연스럽게 흘러가기 시작하면 탬퍼로 재료를 칼날 쪽으로 밀어 주는 작업을 계속한다.
4. 버터의 질감이 되면 작동을 멈춰 완성한다.

Tip

- 아몬드는 오븐에 살짝 굽거나 프라이팬에 기름 없이 볶아 사용한다.
- 3번 작업은 1분을 넘어가지 않게 한다.
- 크리미한 질감의 아몬드 버터를 만들고 싶다면 올리브오일을 소량 추가하여 블렌딩한다.
- 완성된 아몬드 버터는 빵이나 크래커에 발라 먹어도 좋고 베이킹에도 사용할 수 있다.

PEANUT BUTTER

피넛 버터

고소한 땅콩의 풍미를 그대로 담은 버터입니다.
식품 첨가물에 대한 걱정 없이 직접 만들어 안심하고 즐길 수 있으며, 땅콩 본연의 깊고 풍부한 맛을 마음껏 만끽할 수 있습니다.

Wet

Ingredients

볶은 땅콩	4컵 (약 600g)

Recipe

1. 재료를 컨테이너에 넣고 뚜껑을 닫아 본체와 결합한다.
2. 본체 다이얼의 가장 낮은 속도에서 작동 버튼을 누르고 가장 높은 속도로 다이얼을 돌린다.
3. 재료가 칼날을 따라 자연스럽게 흘러가기 시작하면 탬퍼로 재료를 칼날 쪽으로 밀어 주는 작업을 계속한다.
4. 버터의 질감이 되면 작동을 멈춰 완성한다.

Tip

- 땅콩은 오븐에 살짝 굽거나 프라이팬에 기름 없이 볶아 사용한다.
- 3번 작업은 1분을 넘어가지 않게 한다.
- 크리미한 질감의 피넛 버터를 만들고 싶다면 올리브오일을 소량 추가하여 블렌딩한다.

ALMOND MILK

아몬드 밀크

직접 선별한 재료로 만드는 신선한 아몬드 밀크는 완성된 그대로 마셔도 좋고,
베이킹이나 다른 스무디의 베이스로도 활용할 수 있어 자주 만들게 되는 레시피입니다.
아몬드를 캐슈넛으로 변경하면 캐슈넛 밀크로도 즐길 수 있습니다.

Wet

Ingredients

아몬드	1컵 (약 150g)
물	3컵 (약 720ml)
대추야자	4개
바닐라 시럽	0.5t
소금	약간

Recipe

1. 모든 재료를 컨테이너에 순서대로 넣고 뚜껑을 닫아 본체와 결합한다.
2. 본체 다이얼의 가장 낮은 속도에서 작동 버튼을 누르고 가장 높은 속도로 다이얼을 돌린다.
3. 약 45초 또는 아몬드의 입자가 고르게 블렌딩되면 작동을 멈춰 완성한다.

Tip

- 생아몬드와 볶은 아몬드 모두 사용 가능하며 볶은 아몬드를 사용하면 소화 흡수율이 좀 더 높고 고소한 맛이 난다.
- 아몬드는 사용 4시간 전 물에 담가 불리면 더욱 부드럽게 블렌딩된다.
- 대추야자는 씨를 제거한 말린 제품을 사용하며, 꿀, 알룰로스, 아가베 시럽, 메이플 시럽 등으로 대체할 수 있다.
- 소금과 바닐라 시럽은 기호에 따라 조절 가능하다.
- 완성된 아몬드 밀크를 면포에 거르면 더욱 가벼운 질감으로 완성된다.
- 취향에 따라 시나몬 파우더를 뿌려 마무리한다.

OAT MILK

오트 밀크

질 좋은 단백질과 식이섬유가 풍부한 오트밀을 먹기 쉽게, 다양한 재료와 잘 어울릴 수 있게 만든 음료입니다.
아몬드 밀크와 마찬가지로 완성된 그대로 마셔도 좋고, 베이킹이나 다른 스무디의 베이스로 활용해도 좋습니다.

Wet

Ingredients

오트밀	1/2컵 (약 50g)
물	5컵 (약 1200ml)

Recipe

1. 오트밀은 물에 약 4시간 이상 불린다.
2. 모든 재료를 컨테이너에 순서대로 넣고 뚜껑을 닫아 본체와 결합한다.
3. 본체 다이얼의 가장 낮은 속도에서 작동 버튼을 누르고 가장 높은 속도로 다이얼을 돌린다.
4. 약 30~45초 또는 오트밀의 입자가 고르게 블렌딩되면 작동을 멈춰 완성한다.

Tip

- 씨를 제거한 말린 대추야자, 바닐라 익스트랙, 소금 등으로 맛을 추가해 즐길 수 있다.
- 완성된 오트 밀크는 다양한 음료와 베이킹 재료로 활용할 수 있다.
- 완성된 오트 밀크는 면포에 거르면 더욱 부드러운 질감으로 완성된다.

SOY MILK

두유

탈모 예방과 두피 혈액 순환에 도움을 줄 수 있다고 알려진 서리태로 만든 두유를 소개합니다.
서리태를 충분히 불리고 익힌 후 바이타믹스에 넣기만 하면, 부드러운 목 넘김이 일품인 홈 메이드 두유가 탄생합니다.

Wet

Ingredients

서리태	1컵 (약 200g)
대추야자	4개
물	4컵 (약 960ml)
소금	1t

Recipe

1. 서리태는 손으로 눌렀을 때 부드럽게 으스러지도록 약 5~10시간 이상 물에 불린 후 끓는 물에 약 10분간 삶거나 찜기로 익혀 식힌다.
2. 모든 재료를 컨테이너에 순서대로 넣고 뚜껑을 닫아 본체와 결합한다.
3. 본체 다이얼의 가장 낮은 속도에서 작동 버튼을 누르고 가장 높은 속도로 다이얼을 돌린다.
4. 약 45초 또는 서리태의 입자가 고르게 블렌딩되면 작동을 멈춰 완성한다.

Tip

- 서리태는 백태(백두)로 대체할 수 있다.
- 대추야자는 씨를 제거한 말린 제품을 사용한다.
- 대추야자의 양은 기호에 따라 조절 가능하며, 꿀, 알룰로스, 아가베 시럽이나 메이플 시럽 등으로 대체할 수 있다.
- 완성된 두유를 면포에 거르면 더욱 가벼운 질감으로 완성된다.

CASHEW CREAM

캐슈 크림

크림이 들어가는 커피나 음료, 요리에 동물성 크림을 대체할 수 있는 비건 크림입니다.
깔끔한 맛으로 완성되어 다양한 요리에 활용하기에도 좋습니다.

Wet

Ingredients

캐슈넛	2컵 (약 300g)
물	1¼컵 (약 300ml)

Recipe

1. 캐슈넛은 물에 약 2시간 이상 불린다.
2. 모든 재료를 컨테이너에 순서대로 넣고 뚜껑을 닫아 본체와 결합한다.
3. 본체 다이얼의 가장 낮은 속도에서 작동 버튼을 누르고 가장 높은 속도로 다이얼을 돌린다.
4. 단단한 재료가 균일하게 블렌딩되도록 탬퍼를 사용해 재료를 가운데로 모아준다.
5. 약 45초 또는 덩어리 없이 부드러운 질감이 되면 작동을 멈춰 완성한다.

Tip

생캐슈넛과 볶은 캐슈넛 모두 사용 가능하며 볶은 캐슈넛을 사용하면
소화 흡수율이 좀 더 높고 고소한 맛이 난다.

DATE SYRUP

대추야자 시럽

자연에서 온 그대로의 단맛을 제공하는 훌륭한 천연 감미료, 대추야자 시럽입니다.
팬케이크 시럽, 스무디, 커피 등 다양한 메뉴에 설탕이나 기타 시럽(바닐라 시럽, 카페 시럽 등)을 대체해 사용할 수 있습니다.

Wet

Ingredients

대추야자	1컵 (약 20개)
따뜻한 물	2컵 (약 480ml)

Recipe

1. 대추야자는 물에 약 30분 불린다.
2. 모든 재료를 컨테이너에 순서대로 넣고 뚜껑을 닫아 본체와 결합한다.
3. 본체 다이얼의 가장 낮은 속도에서 작동 버튼을 누르고 가장 높은 속도로 다이얼을 돌린다.
4. 재료가 균일하게 블렌딩되도록 탬퍼를 사용해 재료를 가운데로 모아준다.
5. 약 45초 또는 대추야자의 입자가 느껴지지 않으면 작동을 멈춰 완성한다.

Tip

- 꿀이나 알룰로스 등의 대체당으로 단맛을 추가할 수 있다.
- 대추야자를 불릴 시간이 없다면 블렌딩 시간을 늘려서 완성할 수 있다.
- 중약불에 시럽을 졸이면 점도 있는 시럽의 형태로 즐길 수 있다.

ORANGE JUICE

오렌지 주스

자연에서 온 오렌지 그대로, 아무것도 첨가하지 않은 순수한 오렌지를 입안 가득 부드럽게 즐길 수 있는 주스입니다.
그대로 마셔도 충분히 맛있지만, 다른 스무디류의 베이스로 사용해도 좋습니다.

Wet

Ingredients

오렌지	4개
대추야자	4개
물	1/2컵 (약 120ml)
얼음	1컵 (약 130g)

Recipe

1. 모든 재료를 컨테이너에 순서대로 넣고 뚜껑을 닫아 본체와 결합한다.
2. 본체 다이얼의 가장 낮은 속도에서 작동 버튼을 누르고 가장 높은 속도로 다이얼을 돌린다.
3. 단단한 재료가 균일하게 블렌딩되도록 탬퍼를 사용해 재료를 가운데로 모아준다.
4. 약 60초 또는 모든 재료가 부드러운 주스 형태가 되면 작동을 멈춰 완성한다.

Tip

- 대추야자는 씨를 제거한 말린 제품을 사용한다.
- 대추야자는 꿀 2T로 대체할 수 있다.
- 다양한 스무디에 첨가하면 더욱 상큼한 스무디로 완성할 수 있다.

RICE FLOUR

쌀가루

대량으로 판매되는 시판 쌀가루는 양이 많아 묵히게 되는 경우가 많습니다.
하지만 바이타믹스를 사용하면 우리 가족이 먹는 좋은 쌀 그대로, 그때그때 필요한 만큼만 만들어 신선하게 사용할 수 있습니다.

Dry

Ingredients

쌀	필요량

Recipe

1. 재료를 컨테이너에 넣고 뚜껑을 닫아 본체와 결합한다.
2. 본체 다이얼의 가장 낮은 속도에서 작동 버튼을 누르고 가장 높은 속도로 다이얼을 돌린다.
3. 단단한 재료가 균일하게 그라인딩되도록 탬퍼를 사용해 재료를 가운데로 모아준다.
4. 약 45초 또는 쌀의 입자가 고르게 분쇄되면 작동을 멈춰 완성한다.

Tip

- 쌀은 깨끗이 씻어 건조한 후 사용한다.
- 쌀은 필요한 양만큼 사용하되, 칼날이 충분히 덮일 정도로 넣는다.
- Dry 컨테이너가 없다면 Wet 컨테이너로 사용할 수 있다.

MINCED GARLIC

다진 마늘

한식 요리에 빼놓을 수 없는 다진 마늘입니다. 바이타믹스를 만나기 전, 다른 블렌더로 다진 마늘을 만들 때
마늘이 고르게 다져지지 않고 용기 벽에 붙어 작동을 멈춰 일일이 떼어내야 했던 불편함이 많았습니다.
바이타믹스 블렌딩 클래스와 라이브에서 많이 받은 질문 중 하나가 바로 '다진 마늘을 어떻게 하면 잘 만들 수 있는지'였는데요.
바이타믹스로 다진 마늘을 완벽하게 만드는 법을 소개하겠습니다.

Wet

Ingredients

마늘	필요량
물	적당량

Recipe

1. 마늘과 마늘이 충분히 잠길 정도의 물을 컨테이너에 넣고 뚜껑을 닫는다.
2. 컨테이너를 본체에 결합해 속도를 6~7로 올린다.
3. 펄스 기능을 사용해 질감을 살려 다진다.
4. 마늘이 균일하게 블렌딩되도록 탬퍼를 사용해 재료를 가운데로 모아준다.
5. 마늘이 원하는 입자로 고르게 다져지면 작동을 멈추고 체에 걸러
   물기를 제거해 완성한다.

Tip

- 마늘은 필요한 만큼 사용하되, 칼날이 충분히 덮일 정도로 사용한다.
- 물을 사용한 초핑(28p)을 참고해 다진다.
- 일반 블렌딩 기능으로 마늘을 다질 경우, 물을 제외한 마늘을 컨테이너에 넣고 고속으로 블렌딩하며 탬퍼를 사용해 재료를 가운데로 모아준다. 더욱 부드러운 질감을 원하면 소량의 물을 추가한 후 블렌딩하면 된다.

SMOOTHIES & BEVERAGES

스무디 & 음료

01. 무화과 아보카도 스무디
02. 오렌지 생강 스무디
03. 참외 스무디
04. 그린 스무디
05. 딸기 바보카도 스무디
06. 베리 딜리셔스 스무디
07. 석류 오렌지 스무디
08. 피나 콜라다 스무디
09. 배 더덕 스무디
10. 코코넛 ABC 주스
11. 시트러스 상그리아
12. 막걸리 슬러시
13. 아인슈페너

FIG AVOCADO SMOOTHIE

무화과 아보카도 스무디

보관 기한이 냉장 3~5일 정도로 짧은 무화과는 다른 신선한 재료와 함께 스무디로 만들어 먹기 매우 좋은 재료입니다.
특히 질 좋은 식이섬유가 풍부한 무화과와 함께 갈아 만든 스무디는 소화와 변비 예방에 도움을 줄 수 있습니다.
건강을 챙기면서 맛있게 즐길 수 있는 완벽한 스무디입니다.

약 3~4잔 분량

Wet

Ingredients

우유	1컵 (약 240ml)
무화과	5개 (약 500g)
바나나	1개 (약 100g)
아보카도	1/2개
대추야자	6개
꿀	2T
얼음	2컵 (약 260g)

Recipe

1. 모든 재료를 컨테이너에 순서대로 넣고 뚜껑을 닫아 본체와 결합한다.
2. 본체 다이얼의 가장 낮은 속도에서 작동 버튼을 누르고 가장 높은 속도로 다이얼을 돌린다.
3. 재료가 균일하게 블렌딩되도록 탬퍼를 사용해 재료를 가운데로 모아준다.
4. 약 45초 또는 모든 재료가 덩어리 없는 스무디 형태가 되면 작동을 멈춰 완성한다.

Tip

- 무화과는 꼭지 부분을 위로 잡고 흐르는 물에 씻어, 꼭지 부분을 자른 후 껍질째로 사용한다.
- 대추야자는 씨를 제거한 말린 제품을 사용하며 꿀, 알룰로스, 아가베 시럽이나 메이플 시럽 등으로 대체할 수 있다.
- 꿀의 양은 기호에 따라 조절할 수 있으며, 메이플 시럽이나 알룰로스로 대체할 수 있다.
- 호두나 피칸 등의 견과류를 추가하면 더욱 고소한 맛으로 완성된다.

ORANGE GINGER SMOOTHIE

오렌지 생강 스무디

주로 차로 달여 먹거나 음식 양념으로 사용했던 생강을 오렌지와 함께 스무디로 만들어 보았습니다.
감기 예방과 면역력 강화에 도움을 줄 수 있다고 알려진 생강과 상큼한 오렌지가 조화롭게 어우러진 건강한 스무디입니다.
생강의 맛과 향이 강하지 않아 누구나 맛있게 즐길 수 있습니다.

약 3~4잔 분량

Wet

Ingredients

물	1컵 (약 240ml)
당근	1개
오렌지	3개
생강	4g
대추야자	6개
꿀	3T
얼음	2컵 (약 260g)

Recipe

1. 모든 재료를 컨테이너에 순서대로 넣고 뚜껑을 닫아 본체와 결합한다.
2. 본체 다이얼의 가장 낮은 속도에서 작동 버튼을 누르고 가장 높은 속도로 다이얼을 돌린다.
3. 단단한 재료가 균일하게 블렌딩되도록 탬퍼를 사용해 재료를 가운데로 모아준다.
4. 약 45초 또는 모든 재료가 덩어리 없는 스무디 형태가 되면 작동을 멈춰 완성한다.

Tip

- 민트 잎을 장식으로 얹어주면 향이 더욱 좋아진다.
- 대추야자는 씨를 제거한 말린 제품을 사용하며 꿀, 알룰로스, 아가베 시럽이나 메이플 시럽 등으로 대체할 수 있다.
- 꿀의 양은 기호에 따라 조절할 수 있다.
- 오렌지 대신 제철에 나오는 맛있는 감귤이나 천혜향, 레드향을 넣어도 좋다.

KOREAN MELON SMOOTHIE

참외 스무디

바이타믹스의 강력한 모터와 칼날의 힘을 느낄 수 있는 참외 스무디입니다.
참외의 씨까지 넣어도 걸리는 부분 없이 부드럽게 블렌딩되어 씨에 들어 있는 영양분까지 섭취할 수 있고,
참외를 싫어하는 아이들도 거부감 없이 맛있게 먹을 수 있습니다.

약 3~4잔 분량

Wet

Ingredients

참외	2개
우유	2컵 (약 480ml)
얼음	2컵 (약 260g)
꿀	2T

Recipe

1. 모든 재료를 컨테이너에 순서대로 넣고 뚜껑을 닫아 본체와 결합한다.
2. 본체 다이얼의 가장 낮은 속도에서 작동 버튼을 누르고 가장 높은 속도로 다이얼을 돌린다.
3. 단단한 재료가 균일하게 블렌딩되도록 탬퍼를 사용해 재료를 가운데로 모아준다.
4. 약 45초 또는 모든 재료가 덩어리 없는 스무디 형태가 되면 작동을 멈춰 완성한다.

Tip

꿀의 양은 기호에 따라 조절할 수 있으며, 씨를 제거한 말린 대추야자나 알룰로스 등의 대체당으로 대체할 수 있다.

GREEN SMOOTHIE

그린 스무디

신선한 초록 에너지를 가득 느낄 수 있는 바이타믹스의 대표 스무디입니다.
케일의 두꺼운 줄기까지 넣어도 부드럽게 완성되며,
집에서 만든 스무디임에도 전문점에서 사 온 듯한 높은 퀄리티를 자랑합니다.

약 3~4잔 분량

Wet

Ingredients

물	1½컵 (약 360ml)
케일	1컵 (약 30g)
키위	4개
청포도	2컵 (약 360g)
레몬	1/2개
바나나	1개 (약 100g)
꿀	2T
얼음	2컵 (약 260g)

Recipe

1. 모든 재료를 컨테이너에 순서대로 넣고 뚜껑을 닫아 본체와 결합한다.
2. 본체 다이얼의 가장 낮은 속도에서 작동 버튼을 누르고 가장 높은 속도로 다이얼을 돌린다.
3. 단단한 재료가 균일하게 블렌딩되도록 탬퍼를 사용해 재료를 가운데로 모아준다.
4. 약 45초 또는 모든 재료가 덩어리 없는 스무디 형태가 되면 작동을 멈춰 완성한다.

Tip

- 레몬은 라임으로 대체 가능하며, 깨끗이 씻어 껍질째 사용한다.
- 케일 대신 동량의 녹색 채소(시금치 등)를 넣어도 좋다.

STRAWBERRY BAVOCADO SMOOTHIE

딸기 바보카도 스무디

바나나와 아보카도의 조합으로 '바보카도'라는 재미있는 이름을 붙였습니다.
이미 유명한 조합인 딸기 바나나 스무디에 아보카도를 추가해 맛은 물론, 부드러움과 영양소를 두 배로 늘린 활력 스무디입니다.

약 3잔 분량

Wet

Ingredients

우유	2컵 (약 480ml)
딸기	2컵 (약 300g)
바나나	1개 (약 100g)
아보카도	1/2개
아몬드	1/4컵 (약 40g)
꿀	2T
얼음	2컵 (약 260g)

Recipe

1. 모든 재료를 컨테이너에 순서대로 넣고 뚜껑을 닫아 본체와 결합한다.
2. 본체 다이얼의 가장 낮은 속도에서 작동 버튼을 누르고 가장 높은 속도로 다이얼을 돌린다.
3. 단단한 재료가 균일하게 블렌딩되도록 탬퍼를 사용해 재료를 가운데로 모아준다.
4. 약 45초 또는 모든 재료가 덩어리 없는 스무디 형태가 되면 작동을 멈춰 완성한다.

Tip

아몬드는 생아몬드와 볶은 아몬드 중 원하는 아몬드를 사용하고 아몬드 대신 캐슈넛이나 호두 등의 견과류를 사용할 수 있다.

BERRY DELICIOUS SMOOTHIE

베리 딜리셔스 스무디

바이타믹스의 강력한 모터와 경화 스테인리스강 칼날은 베리류의 작은 씨 하나까지
부드럽게 으깨 목 넘김이 좋은 스무디로 만들어 줍니다.
베리류가 듬뿍 들어가 정말 상큼하고 맛있어 'Berry(Very) Delicious'라는 이름을 붙였는데요,
이름만큼 풍부한 베리류의 신선한 에너지와 산뜻함을 만끽할 수 있습니다.

약 3~4잔 분량

Wet

Ingredients

물	1½컵 (약 360ml)
바나나	1개 (약 100g)
파인애플	1컵 (약 150g)
딸기	1컵 (약 150g)
라즈베리	1/2컵 (약 70g)
블루베리	1컵 (약 150g)
비트	30~40g
얼음	2컵 (약 260g)

Recipe

1. 모든 재료를 컨테이너에 순서대로 넣고 뚜껑을 닫아 본체와 결합한다.
2. 본체 다이얼의 가장 낮은 속도에서 작동 버튼을 누르고 가장 높은 속도로 다이얼을 돌린다.
3. 단단한 재료가 균일하게 블렌딩되도록 탬퍼를 사용해 재료를 가운데로 모아준다.
4. 약 45초 또는 모든 재료가 덩어리 없는 스무디 형태가 되면 작동을 멈춰 완성한다.

Tip

- 꿀이나 알룰로스 등의 대체당으로 단맛을 추가할 수 있다.
- 냉동 상태의 재료를 사용하여 블렌딩하면 떠먹을 수 있는 아이스크림 형태로 만들 수 있다.
- 물 대신 오렌지 주스(51p)나 요구르트를 넣으면 상큼한 맛을 더할 수 있다.
- 비트는 생으로 사용하거나, 작은 조각(30~40g) 기준 끓는 물에 약 3분간 데쳐 사용한다.
- 재료의 씨 부분이 충분히 으깨지도록 다른 스무디보다 블렌딩 시간을 늘려 완성한다.

POMEGRANATE ORANGE SMOOTHIE

석류 오렌지 스무디

여성 건강에 빼놓을 수 없는 석류에 오렌지를 더해 건강은 물론, 새콤달콤한 맛과 목 넘김까지 좋게 만든 스무디입니다. 시중의 다양한 건강 기능 식품과 영양제도 좋지만, 가끔은 자연에서 온 재료의 영양소를 그대로 몸이 흡수하기 좋은 스무디로 만들어 먹는 것을 추천합니다. 하루에 필요한 섬유질의 약 1/3이 담긴 풍부한 영양을 자랑하는 스무디입니다.

약 3잔 분량

Wet

Ingredients

물	1컵 (약 240ml)
오렌지	3개
석류 과육	1½컵 (약 210g)
비트	30~40g
생강	4g
꿀	3T
얼음	2컵 (약 260g)

Recipe

1. 모든 재료를 컨테이너에 순서대로 넣고 뚜껑을 닫아 본체와 결합한다.
2. 본체 다이얼의 가장 낮은 속도에서 작동 버튼을 누르고 가장 높은 속도로 다이얼을 돌린다.
3. 단단한 재료가 균일하게 블렌딩되도록 탬퍼를 사용해 재료를 가운데로 모아준다.
4. 약 45초 또는 모든 재료가 덩어리 없는 스무디 형태가 되면 작동을 멈춰 완성한다.

Tip

- 꿀은 씨를 제거해 말린 대추야자 6~7개로 대체할 수 있다.
- 석류의 신맛, 비트와 생강의 떫은맛은 꿀이나 대추야자를 추가해 보완할 수 있다.
- 기호에 따라 비트, 생강은 생략할 수 있다.
- 비트는 생으로 사용하거나, 작은 조각(30~40g) 기준 끓는 물에 약 3분간 데쳐 사용한다.

PIÑA COLADA SMOOTHIE

피나 콜라다 스무디

휴양지에서 즐기는 이국적인 느낌의 피나 콜라다를 알코올 없는 스무디로 즐길 수 있는 레시피로,
집들이나 홈 파티에서 손님들에게 인기 있는 음료입니다.
진한 코코넛 향과 상큼한 파인애플의 조합이 주는 활력이 지친 일상을 즐겁게 깨워줄 것입니다.

약 2~3잔 분량

Wet

Ingredients

파인애플	3컵 (약 450g)
코코넛 크림	2T
바닐라 시럽	1T
바나나	1개 (약 100g)
물	1컵 (약 240ml)
얼음	2컵 (약 260g)

Recipe

1. 모든 재료를 컨테이너에 순서대로 넣고 뚜껑을 닫아 본체와 결합한다.
2. 본체 다이얼의 가장 낮은 속도에서 작동 버튼을 누르고 가장 높은 속도로 다이얼을 돌린다.
3. 단단한 재료가 균일하게 블렌딩되도록 탬퍼를 사용해 재료를 가운데로 모아준다.
4. 약 45초 또는 모든 재료가 덩어리 없는 스무디 형태가 되면 작동을 멈춰 완성한다.

Tip

- 기호에 따라 씨를 제거한 말린 대추야자나 꿀, 알룰로스 등의 대체당으로 단맛을 추가할 수 있다.
- 완성된 스무디에 넛멕 파우더를 약간 뿌리면 완벽한 홈 카페 음료로 즐길 수 있다.
- 완성된 스무디에 화이트 럼 또는 보드카를 넣으면 칵테일로도 응용할 수 있다.

PEAR DEODEOK SMOOTHIE

배 더덕 스무디

'산에서 나는 고기'라는 별명을 가진 더덕은 혈관과 호흡 기관을 건강하게 유지하는 데 도움을 줄 수 있습니다.
제철 배와 함께 만들면 더욱 달콤해져 온 가족이 함께 마실 수 있는 스무디로 완성됩니다.

약 2~3잔 분량

Wet

Ingredients

더덕 (중)	2뿌리
배	2개
얼음	2컵 (약 260g)
대추야자	6개

Recipe

1. 더덕은 껍질을 제거하고 손질해 준비한다.
2. **1**과 모든 재료를 컨테이너에 순서대로 넣고 뚜껑을 닫아 본체와 결합한다.
3. 본체 다이얼의 가장 낮은 속도에서 작동 버튼을 누르고 가장 높은 속도로 다이얼을 돌린다.
4. 단단한 재료가 균일하게 블렌딩되도록 탬퍼를 사용해 재료를 가운데로 모아준다.
5. 약 45초 또는 모든 재료가 덩어리 없는 스무디 형태가 되면 작동을 멈춰 완성한다.

Tip

- 대추야자는 씨를 제거한 말린 제품을 사용한다.
- 대추야자는 꿀 2T 또는 알룰로스 등의 대체당으로 대체 가능하며 기호에 따라 조절할 수 있다.
- 더덕의 양은 기호에 따라 조절할 수 있다.

COCONUT ABC JUICE

코코넛 ABC 주스

해독 작용과 다이어트에 도움을 줄 수 있는 비타민 가득 코코넛 ABC(Apple, Beet, Carrot) 주스를 소개합니다.
코코넛의 달콤함, 레몬의 상큼함, 그리고 시금치의 푸른 에너지가 조화를 이루어 풍부한 질감과 건강을 선물합니다.

약 3~4잔 분량

Wet

Ingredients

코코넛 워터	1½컵 (약 360ml)
베이비 시금치	1컵 (약 30g)
사과	2개
비트	100g
당근	1개
레몬	1/2개
얼음	2컵 (약 260g)

Recipe

1. 모든 재료를 컨테이너에 순서대로 넣고 뚜껑을 닫아 본체와 결합한다.
2. 본체 다이얼의 가장 낮은 속도에서 작동 버튼을 누르고 가장 높은 속도로 다이얼을 돌린다.
3. 단단한 재료가 균일하게 블렌딩되도록 탬퍼를 사용해 재료를 가운데로 모아준다.
4. 약 45초 또는 모든 재료가 부드러운 주스 형태가 되면 작동을 멈춰 완성한다.

Tip

- 사과와 당근을 큼직하게 썰어 넣는 경우 효과적인 블렌딩을 위해 탬퍼를 사용한다. 컨테이너 코너 쪽에서 칼날 쪽으로 보내주는 방향이 중요하다.
- 베이비 시금치는 일반 시금치로 대체할 수 있으며 이 경우 시금치는 데친 시금치와 생시금치 중 개인의 기호에 맞게 선택한다.
- 비트는 생으로 사용하거나, 작은 조각(30~40g) 기준 끓는 물에 약 3분간 데쳐 사용한다.

CITRUS SANGRIA

시트러스 상그리아

바이타믹스 본사 100주년 기념 쿡 북에서 발견한 상큼하고 청량한 음료 레시피를 소개합니다.
완성된 스무디의 시원한 컬러 또한 지루하고 피곤한 하루를 생기 있게 만들어 줄 것입니다.

약 3~4잔 분량

Wet

Ingredients

청포도	2컵 (약 360g)
레몬	1개
라임	1개
자몽	1/4개
파인애플	1⅓컵 (약 200g)
대추야자	6개
꿀	3T
얼음	약간
탄산수	3컵 (약 720ml)

Recipe

1. 탄산수를 제외한 모든 재료를 컨테이너에 순서대로 넣고 뚜껑을 닫아 본체와 결합한다.
2. 본체 다이얼의 가장 낮은 속도에서 작동 버튼을 누르고 가장 높은 속도로 다이얼을 돌린다.
3. 단단한 재료가 균일하게 블렌딩되도록 탬퍼를 사용해 재료를 가운데로 모아준다.
4. 약 45초 또는 모든 재료가 덩어리 없는 음료 형태가 되면 작동을 멈춘다.
5. 컵에 얼음과 탄산수, 4를 넣어 완성한다.

Tip

- 대추야자는 씨를 제거한 말린 제품을 사용하며 꿀, 알룰로스, 아가베 시럽이나 메이플 시럽 등으로 대체할 수 있다.
- 꿀과 대추야자의 양은 기호에 따라 조절할 수 있다.
- 탄산수 대신 물 200ml와 얼음 2컵(약 260g)을 다른 재료와 함께 넣고 블렌딩해 스무디로도 만들 수 있다.
- 탄산수는 레몬향과 라임향 중 원하는 것을 사용한다.
- 과육을 제거한 후 남은 껍질로 음료를 장식하면 홈 카페 칵테일 느낌을 낼 수 있다.

MAKGEOLLI SLUSH

막걸리 슬러시

막걸리를 색다른 맛으로 즐기고 싶다면 좋아하는 과일을 얼린 후 함께 갈아 슬러시로 만들어 보세요.
비 오는 날 파전과 함께, 더운 여름날 시원한 음료로 다양하게 즐길 수 있답니다.

약 3잔 분량

Wet

Ingredients

막걸리	3컵 (약 720ml)
냉동 망고	2⅔컵 (약 400g)
대추야자	8개

Recipe

1. 모든 재료를 컨테이너에 순서대로 넣고 뚜껑을 닫아 본체와 결합한다.
2. 본체 다이얼의 가장 낮은 속도에서 작동 버튼을 누르고 가장 높은 속도로 다이얼을 돌린다.
3. 단단한 재료가 균일하게 블렌딩되도록 탬퍼를 사용해 재료를 가운데로 모아준다.
4. 약 40초 또는 모든 재료가 덩어리 없는 슬러시 형태가 되면 작동을 멈춰 완성한다.

Tip

- 대추야자는 씨를 제거한 말린 제품을 사용한다.
- 대추야자는 꿀 3T로 대체할 수 있다.
- 냉동 망고 대신 좋아하는 다양한 냉동 과일로 대체할 수 있다.
- 생과일을 사용하는 경우 얼음을 2컵(약 260g) 추가한 후 블렌딩한다.

EINSPÄNNER

아인슈페너

카페에서만 맛볼 수 있던 달콤한 크림이 올라간 커피.
이제 바이타믹스 에어 디스크 컨테이너로 집에서도 맛볼 수 있습니다.
눈 깜짝할 사이에 완성되는 고운 휘핑 크림으로 매일 마시던 커피를 색다르게 즐길 수 있습니다.

약 2~3잔 분량

Aer Disc

Ingredients

생크림	1컵 (약 240ml)
설탕	25g
물	2/3컵 (약 160ml)
얼음	1컵 (약 130g)
에스프레소	2shot

Recipe

1. 생크림을 에어 디스크 컨테이너에 넣고 뚜껑을 닫아 본체와 결합한다.
2. 본체 다이얼의 가장 낮은 속도에서 작동 버튼을 누르고 가장 높은 속도로 다이얼을 돌려 블렌딩한다.
3. 뚜껑의 플러그를 열어 설탕을 3~4회 나누어 넣는다.
4. 부피가 커지고 부드러운 크림 질감이 되면 작동을 멈춘다.
5. 컵에 물, 얼음, 에스프레소를 순서대로 넣은 후 **4**를 올려 완성한다.

Tip

- 휘핑한 크림은 취향에 맞는 다양한 커피와 음료에 올려 응용할 수 있다.
- 생크림은 무가당 동물성 생크림을 사용한다.
- 완성된 음료에 시나몬 파우더나 코코아 파우더를 뿌리면 깊은 맛과 향을 더할 수 있다.

FROZEN DESSERTS

차가운 디저트

01. 두유 바나나 아이스크림
02. 망고 라임 아이스크림
03. 메이플 피칸 아이스크림
04. 우유 팥빙수
05. 단호박 빙수
06. 채소 품은 베리 요거트
07. 복숭아 셔벗

SOY MILK BANANA ICE CREAM

두유 바나나 아이스크림

바나나 과육이 검게 물러 먹기는 싫고 버리기는 아까울 때,
바이타믹스를 사용해 부드럽고 달콤한 아이스크림으로 변신시킬 수 있습니다.
바나나 특유의 단맛과 부드러운 질감이 고소한 두유와 잘 어우러져 입에서 사르르 녹는 아이스크림으로 완성됩니다.

약 2~3인 분량

Wet

Ingredients

얼린 두유	5/6컵 (약 200ml)
얼린 바나나	3개 (약 300g)
생크림	1/4컵 (약 60ml)
꿀	2T
바닐라 익스트랙	0.5t

Recipe

1. 모든 재료를 컨테이너에 순서대로 넣고 뚜껑을 닫아 본체와 결합한다.
2. 본체 다이얼의 가장 낮은 속도에서 작동 버튼을 누르고 가장 높은 속도로 다이얼을 돌린다.
3. 단단한 재료가 균일하게 블렌딩되도록 탬퍼를 사용해 재료를 가운데로 모아준다.
4. 약 40~60초 또는 쫀득한 젤라또와 같은 질감이 되면 작동을 멈춰 완성한다.

Tip

- 시판 두유 대신 홈 메이드 두유(45p)를 사용하면 더욱 고소하고 건강한 아이스크림을 만들 수 있다.
- 꿀과 바닐라 익스트랙의 양은 기호에 따라 조절할 수 있다.
- 바닐라 익스트랙은 시판 바닐라 시럽 1T로 대체 가능하다.
- 블렌딩 시간이 60초를 넘으면 마찰열로 인해 내용물이 녹을 수 있으니 주의한다.

MANGO LIME ICE CREAM

망고 라임 아이스크림

여러 가지 첨가물과 액상 과당이 들어간 시판 아이스크림 대신
우리 가족의 건강을 지켜줄 홈 메이드 아이스크림을 만들어보세요.
바이타믹스만 있다면 건강은 물론 맛과 질감 모두를 만족시키는 고급 아이스크림이 됩니다.

약 3인 분량

Wet

Ingredients

냉동 바나나	2개 (약 200g)
냉동 망고	3컵 (약 450g)
메이플 시럽	2T
라임즙	2T

Recipe

1. 모든 재료를 컨테이너에 순서대로 넣고 뚜껑을 닫아 본체와 결합한다.
2. 본체 다이얼의 가장 낮은 속도에서 작동 버튼을 누르고 가장 높은 속도로 다이얼을 돌린다.
3. 단단한 재료가 균일하게 블렌딩되도록 탬퍼를 사용해 재료를 가운데로 모아준다.
4. 약 40~60초 또는 아이스크림 질감이 되면 작동을 멈춰 완성한다.

Tip

- 라임즙은 레몬즙으로 대체할 수 있다.
- 좀 더 부드러운 아이스크림을 원한다면 냉동 과일을 실온에 10분 정도 해동한 후 사용한다.
- 블렌딩 시간이 60초를 넘으면 마찰열로 인해 내용물이 녹을 수 있으니 주의한다.
- 완성된 아이스크림에 자른 망고와 민트 잎을 올려 마무리해도 좋다.

MAPLE PECAN ICE CREAM

메이플 피칸 아이스크림

피칸 특유의 고소함과 메이플 시럽의 달콤함이 기분 좋게 어우러진 레시피입니다.
한 입 맛보면 끝까지 먹게 될 정도로 자꾸 손이가는 맛이라 견과류를 싫어하는 아이들도 맛있게 먹을 수 있습니다.
바이타믹스 본사 100주년 기념 쿡 북에 소개된 레시피로 쉽게 직접 만들어 보실 수 있습니다.

약 3~4인 분량

Wet

Ingredients

볶은 피칸	1½컵 (약 150g)
물	1½컵 (약 360ml)
메이플 시럽	1/2컵 (약 120ml)
소금	0.25t

Recipe

1. 모든 재료를 컨테이너에 순서대로 넣고 뚜껑을 닫아 본체와 결합한다.
2. 본체 다이얼의 가장 낮은 속도에서 작동 버튼을 누르고 가장 높은 속도로 다이얼을 돌린다.
3. 단단한 재료가 균일하게 블렌딩되도록 탬퍼를 사용해 재료를 가운데로 모아준다.
4. 약 45초 또는 모든 재료가 덩어리 없는 액체 상태가 되면 작동을 멈춘다.
5. 큐브 모양 얼음 틀에 **4**를 부어 넣고 5시간 이상 냉동한다.
6. **5**를 컨테이너에 넣고 뚜껑을 닫아 본체 다이얼의 가장 낮은 속도에서 작동 버튼을 누르고 가장 높은 속도로 다이얼을 돌린다.
7. 약 40~60초 또는 부드러운 아이스크림 질감이 되면 작동을 멈춰 완성한다.

Tip

- 메이플 시럽의 양은 기호에 따라 조절할 수 있다.
- 좀 더 부드러운 아이스크림을 원한다면 얼린 베이스를 실온에 약 10~15분 정도 해동한 후 사용한다.
- 블렌딩 시간이 60초를 넘으면 마찰열로 인해 내용물이 녹을 수 있으니 주의한다.
- 여분의 피칸을 다져 토핑으로 사용할 수 있다.

MILK PATBINGSU

우유 팥빙수

새하얀 눈꽃처럼 입안에서 사르르 녹는 우유 팥빙수입니다.
바이타믹스의 칼날을 거쳐 고급스러운 질감으로 곱게 갈린 차가운 우유 얼음,
달콤한 단팥과 연유, 쫄깃하고 고소한 빙수떡이 환상적인 조화를 이룹니다.

약 2인 분량

Wet

Ingredients

우유 팥빙수

우유	1¼컵 (약 300ml)

토핑용

콩가루	약간
단팥	약간
빙수떡	약간
연유	약간

Recipe

1. 큐브 모양 얼음 틀에 우유를 부어 넣고 12시간 이상 냉동한다.
2. **1**을 컨테이너에 넣고 뚜껑을 닫아 본체와 결합한다.
3. 본체 다이얼의 가장 낮은 속도에서 작동 버튼을 누르고 가장 높은 속도로 다이얼을 돌린다.
4. 단단한 재료가 균일하게 그라인딩되도록 탬퍼를 사용해 재료를 가운데로 모아준다.
5. 약 40~60초 또는 눈꽃 질감의 빙수가 되면 작동을 멈춰 완성한다.
6. 완성된 빙수는 빙수 그릇에 담고 토핑용 재료를 올려 마무리한다.

Tip

- 토핑은 자유롭게 변경할 수 있으며, 빙수떡이 없다면 단호박 인절미 (187p)로 대체할 수 있다.
- 블렌딩 시간이 60초를 넘으면 마찰열로 인해 내용물이 녹을 수 있으니 주의한다.

PUMPKIN BINGSU

단호박 빙수

피로 회복과 성인병 예방에 도움을 줄 수 있다고 알려진 단호박을 빙수로 만들었습니다.
먹어본 사람들은 모두 감탄하는 인기 만점 단호박 빙수입니다.

약 3인 분량

Wet

Ingredients

단호박 빙수

익힌 단호박	1개
우유	5/6컵 (약 200ml)
메이플 시럽	3T
크림 치즈	2T

토핑용

단팥	약간
콩고물	약간
빙수떡	약간
연유	약간

Recipe

1. 단호박 빙수의 모든 재료를 컨테이너에 순서대로 넣고 뚜껑을 닫아 본체와 결합한다.
2. 본체 다이얼의 가장 낮은 속도에서 작동 버튼을 누르고 가장 높은 속도로 다이얼을 돌린다.
3. 단단한 재료가 균일하게 블렌딩되도록 탬퍼를 사용해 재료를 가운데로 모아준다.
4. 약 45초 또는 모든 재료가 덩어리 없는 부드러운 상태가 되면 작동을 멈춘다.
5. 큐브 모양 얼음 틀에 **4**를 부어 넣고 12시간 이상 냉동한다.
6. **5**를 컨테이너에 넣고 본체 다이얼의 가장 낮은 속도에서 작동 버튼을 누르고 가장 높은 속도로 다이얼을 돌린다.
7. 단단한 재료가 균일하게 그라인딩되도록 탬퍼를 사용해 재료를 가운데로 모아준다.
8. 약 45~60초 또는 눈꽃 질감의 빙수가 되면 작동을 멈춰 완성한다.
9. 완성된 빙수는 빙수 그릇에 담고 토핑용 재료를 올려 마무리한다.

Tip

- 단호박은 전자레인지에 약 3분 정도 돌려 부드럽게 만든 후, 껍질과 씨를 제거하고 찜기나 밥솥, 오븐 등을 이용해 익힌다.
- 단호박 빙수 재료를 얼음 틀에 얼려두면 필요할 때마다 빠르게 만들 수 있다.
- 블렌딩 시간이 60초를 넘으면 마찰열로 인해 내용물이 녹을 수 있으니 주의한다.
- 토핑은 자유롭게 변경할 수 있으며, 빙수떡이 없다면 단호박 인절미(187p)로 대체할 수 있다.

BERRY YOGURT WITH VEGETABLES

채소 품은 베리 요거트

요거트로 만드는 아이스크림에 채소를 슬쩍 넣어 만든 레시피입니다.
달콤한 요거트와 상큼한 베리류 재료들에 채소의 맛이 감쪽같이 가려져
야채를 싫어하는 아이들도 맛있게 먹을 수 있는 레시피입니다.

약 3~4인 분량

Wet

Ingredients

플레인 요거트	1컵 (약 240ml)
베이비 시금치	1컵 (약 30g)
당근	1/4개 (약 40g)
냉동 딸기	1컵 (약 150g)
냉동 블루베리	1컵 (약 150g)
냉동 크랜베리	1/2컵 (약 70g)
냉동 바나나	1개 (약 100g)

Recipe

1. 모든 재료를 컨테이너에 순서대로 넣고 뚜껑을 닫아 본체와 결합한다.
2. 본체 다이얼의 가장 낮은 속도에서 작동 버튼을 누르고 가장 높은 속도로 다이얼을 돌린다.
3. 단단한 재료가 균일하게 블렌딩되도록 탬퍼를 사용해 재료를 가운데로 모아준다.
4. 약 60초 또는 부드러운 아이스크림 질감이 되면 작동을 멈춰 완성한다.

Tip

- 베이비 시금치는 일반 시금치로 대체할 수 있으며 이 경우 시금치는 데친 시금치와 생시금치 중 개인의 기호에 맞게 선택한다.
- 블렌딩 시간이 60초를 넘으면 마찰열로 인해 내용물이 녹을 수 있으니 주의한다.

PEACH SHERBET

복숭아 셔벗

풍부한 비타민과 식이섬유를 함유해 피부 미용과 피로 회복에 도움을 줄 수 있다고 알려진 복숭아로 만든 셔벗입니다.
복숭아를 냉동실에 얼리기만 하면 바이타믹스가 입안에서 사르르 녹는 달콤한 셔벗으로 완성해줍니다.

약 3인 분량

Wet

Ingredients

복숭아	3~4개
연유	3T
얼음	2컵 (약 260g)

Recipe

1. 복숭아의 씨를 제거하고 먹기 좋은 크기로 잘라 냉동실에 얼린다.
2. **1**과 모든 재료를 컨테이너에 순서대로 넣고 뚜껑을 닫아 본체와 결합한다.
3. 본체 다이얼의 가장 낮은 속도에서 작동 버튼을 누르고 가장 높은 속도로 다이얼을 돌린다.
4. 단단한 재료가 균일하게 블렌딩되도록 탬퍼를 사용해 재료를 가운데로 모아준다.
5. 약 60초 또는 질감이 살아 있는 셔벗이 되면 작동을 멈춰 완성한다.

Tip

- 복숭아는 시판 냉동 복숭아로 대체할 수 있다.
- 연유의 양은 기호에 따라 조절할 수 있다.
- 블렌딩 시간이 60초를 넘으면 마찰열로 인해 내용물이 녹을 수 있으니 주의한다.

SOUPS

따뜻한 수프

PATJUK

팥죽

동짓날 빠질 수 없는 음식, 팥죽을 소개합니다.
바이타믹스의 따뜻한 수프 기능을 이용하면 끓여 만드는 팥죽보다 더 빠르고 간편하게 완성할 수 있습니다.

약 3인 분량

Wet

Ingredients

팥	1컵 (약 230g)
물	2컵 (약 480ml)
찹쌀가루	2T
소금	0.5T

Recipe

1. 팥은 물에 약 5시간 이상 충분히 불려 손으로 눌렀을 때 부드럽게 으스러지도록 찜기나 끓는 물에 익힌 후 식힌다.
2. 모든 재료를 컨테이너에 순서대로 넣고 뚜껑을 닫아 본체와 결합한다.
3. 본체 다이얼의 가장 낮은 속도에서 작동 버튼을 누르고 가장 높은 속도로 다이얼을 돌린다.
4. 재료가 균일하게 블렌딩되도록 탬퍼를 사용해 재료를 가운데로 모아준다.
5. 약 3분 30초 또는 컨테이너를 만졌을 때 뜨거운 온도가 느껴지면 속도 다이얼을 낮추고 작동을 멈춰 완성한다.

Tip

- 소금의 양은 기호에 맞춰 조절할 수 있다.
- 완성된 팥죽에 설탕을 추가해 단팥죽으로, 새알을 넣어 새알 팥죽으로 만들 수 있다.
- 뚜껑을 열었을 때 김이 올라올 정도의 온도로 완성한다.

SWEET POTATO SOUP

고구마 수프

추운 겨울, 온몸을 따뜻하게 녹여주는 고구마 수프입니다.
달콤하고 묵직한 고구마 그대로의 깊은 맛을 느낄 수 있는 레시피로, 묽은 질감이라 컵에 담아 라테처럼 즐기기에도 좋습니다.

약 3인 분량

Wet

Ingredients

익힌 고구마	250g
우유	2½컵 (약 600ml)
꿀	2T
캐슈넛	⅓컵 (약 50g)
시나몬 파우더	약간

Recipe

1. 모든 재료를 컨테이너에 순서대로 넣고 뚜껑을 닫아 본체와 결합한다.
2. 본체 다이얼의 가장 낮은 속도에서 작동 버튼을 누르고 가장 높은 속도로 다이얼을 돌린다.
3. 단단한 재료가 균일하게 블렌딩되도록 탬퍼를 사용해 재료를 가운데로 모아준다.
4. 약 3분 30초 또는 컨테이너를 만졌을 때 뜨거운 온도가 느껴지면 속도 다이얼을 낮추고 작동을 멈춰 완성한다.

Tip

- 고구마는 젓가락이 쉽게 들어갈 정도로 찜기나 오븐, 전자레인지로 익힌다.
- 생캐슈넛과 볶은 캐슈넛 모두 사용 가능하며, 볶은 캐슈넛을 사용하면 소화 흡수율이 좀 더 높고 고소한 맛이 난다.
- 캐슈넛은 생략 가능하며 기호에 따라 다양한 견과류로 변경할 수 있다.
- 캐슈넛의 양을 늘리면 더욱 걸쭉한 상태의 수프로 완성된다.
- 기호에 따라 시나몬 파우더는 생략하거나 완성 후 뿌려 먹을 수 있다.
- 뚜껑을 열었을 때 김이 올라올 정도의 온도로 완성한다.

PUMPKIN SOUP

단호박 수프

집으로 손님들을 초대해 바비큐 파티를 자주 여는 우리 가족의 인기 메뉴이자,
맛 본 사람들은 누구나 좋아하는 바이타믹스표 인기 만점 단호박 수프입니다.
고기가 나오기 전 전채 요리로, 방금 도착한 손님들에게 웰컴 푸드로, 학교에서 돌아온 아이의 간식으로도
자주 만들 수 있는 간편식입니다.

약 3인 분량

Wet

Ingredients

익힌 단호박	300g
우유	2컵 (약 480ml)
생크림	2/3컵 (약 160ml)
소금	0.5T
체더 치즈	1장
크루통	약간

Recipe

1. 크루통을 제외한 모든 재료를 컨테이너에 순서대로 넣고 뚜껑을 닫아 본체와 결합한다.
2. 본체 다이얼의 가장 낮은 속도에서 작동 버튼을 누르고 가장 높은 속도로 다이얼을 돌린다.
3. 단단한 재료가 균일하게 블렌딩되도록 탬퍼를 사용해 재료를 가운데로 모아준다.
4. 약 4분 또는 컨테이너를 만졌을 때 뜨거운 온도가 느껴지면 속도 다이얼을 낮추고 작동을 멈춰 완성한다.
5. 완성된 수프는 수프 볼에 담아 크루통을 올려 완성한다.

Tip

- 단호박은 전자레인지에 약 3분 정도 돌려 부드럽게 만든 후, 껍질과 씨를 제거하고 찜기나 밥솥, 오븐 등을 이용해 익힌다.
- 꿀, 알룰로스 등의 대체당으로 단맛을 추가할 수 있다.
- 기호에 따라 파슬리가루, 오레가노 등의 허브를 추가할 수 있다.
- 뚜껑을 열었을 때 김이 올라올 정도의 온도로 완성한다.
- 크루통은 식빵을 적당한 크기로 잘라 팬에 노릇하게 구워 사용한다.

CREAMY MUSHROOM SOUP

크리미 양송이 수프

가끔 호텔 뷔페에서 맛 본 크리미한 질감의 양송이 수프가 생각날 때가 있습니다.
조미료를 과도하게 첨가하지 않고 양송이 본연의 감칠맛을 최대한 살린 레시피를 소개합니다.
그냥 먹어도 맛있지만 바게트를 곁들이면 든든한 한 끼 식사로도 손색이 없습니다.

약 3인 분량

Wet

Ingredients

볶은 양송이버섯	5⅓컵 (약 400g)
익힌 감자	2개
볶은 양파	1/2개 (약 100g)
치킨스톡	1t
생크림	1컵 (약 240ml)
우유	5/8컵 (약 150ml)
체더 치즈	1장
소금	0.5T
후추	약간
크루통	약간

Recipe

1. 크루통을 제외한 모든 재료를 컨테이너에 순서대로 넣고 뚜껑을 닫아 본체와 결합한다.
2. 본체 다이얼의 가장 낮은 속도에서 작동 버튼을 누르고 가장 높은 속도로 다이얼을 돌린다.
3. 단단한 재료가 균일하게 블렌딩되도록 탬퍼를 사용해 재료를 가운데로 모아준다.
4. 약 4분 또는 컨테이너를 만졌을 때 뜨거운 온도가 느껴지면 속도 다이얼을 낮추고 작동을 멈춰 완성한다.
5. 완성된 수프는 수프 볼에 담아 크루통을 올려 완성한다.

Tip

- 양송이버섯과 양파는 기름을 두른 팬에 중불로 충분히 볶아 사용한다.
- 감자는 젓가락이 쉽게 들어갈 정도로 찜기나 오븐, 전자레인지로 부드럽게 익힌다.
- 아침 식사 대용이나 애피타이저로 즐길 수 있다.
- 소금을 함께 블렌딩하지 않고 먹기 직전 기호에 맞춰 간해도 좋다.
- 뚜껑을 열었을 때 김이 올라올 정도의 온도로 완성한다.
- 크루통은 식빵을 적당한 크기로 잘라 팬에 노릇하게 구워 사용한다.

POTATO CREAM SOUP

감자 크림 수프

부드러운 감자를 더 부드럽게, 더 맛있게 즐길 수 있는 레시피를 소개합니다.
감자와 잘 어울리는 향신료를 첨가해 흔한 감자 수프가 아닌, 이국적인 맛이 느껴지는 감자 수프로 완성했습니다.

약 3~4인 분량

Wet

Ingredients

병아리콩	1/4컵 (약 50g)
익힌 감자	5개
익힌 마늘	3알
볶은 양파	1/4개 (약 50g)
셀러리	5g
치킨 스톡	1t
물	2컵 (약 480ml)
캐슈넛	1/3컵 (약 50g)
파프리카 파우더	0.5t
오레가노	1t
소금	1t
후추	약간

Recipe

1. 병아리콩은 손으로 눌렀을 때 부드럽게 으스러지도록 물에 8시간 이상 불려 찜기나 압력밥솥, 끓는 물을 사용해 익힌 후 식힌다.
2. 모든 재료를 컨테이너에 순서대로 넣고 뚜껑을 닫아 본체와 결합한다.
3. 본체 다이얼의 가장 낮은 속도에서 작동 버튼을 누르고 가장 높은 속도로 다이얼을 돌린다.
4. 단단한 재료가 균일하게 블렌딩되도록 탬퍼를 사용해 재료를 가운데로 모아준다.
5. 약 4분 또는 컨테이너를 만졌을 때 뜨거운 온도가 느껴지면 속도 다이얼을 낮추고 작동을 멈춰 완성한다.

Tip

- 감자는 젓가락이 쉽게 들어갈 정도로 찜기나 오븐, 전자레인지로 부드럽게 익힌다.
- 마늘과 양파는 기름을 두른 팬에 중불로 충분히 볶아 사용한다.
- 셀러리, 파프리카 파우더는 생략할 수 있다.
- 잘게 다진 시금치, 크루통, 파슬리가루 등을 토핑으로 추가할 수 있다.
- 뚜껑을 열었을 때 김이 올라올 정도의 온도로 완성한다.

DIPS & SPREADS & DRESSINGS

딥 소스 & 스프레드 & 드레싱

TOFU DIP SAUCE

두부 딥 소스

채소를 찍어 먹을 때, 다양한 요리에 곁들여 먹을 때 맛을 더 풍성하게 만드는 딥 소스입니다.
마요네즈나 유제품 대신 두부를 주재료로 사용해 건강한 단백질을 가득 채워 만들었습니다.

약 560g 분량

Wet

Ingredients

두부 (단단한)	한 모 (약 300g)
라임	1/2개
머스터드	3T
올리브오일	2T
물	3T
발사믹 식초	2T
이탈리안 시즈닝	1t
간장	1T
참깨	2T
참기름	1T
고춧가루 (197p)	0.5T
소금	약간
후추	약간

Recipe

1. 모든 재료를 컨테이너에 순서대로 넣고 뚜껑을 닫아 본체와 결합한다.
2. 본체 다이얼의 가장 낮은 속도에서 작동 버튼을 누르고 가장 높은 속도로 다이얼을 돌린다.
3. 단단한 재료가 균일하게 블렌딩되도록 탬퍼를 사용해 재료를 가운데로 모아준다.
4. 약 30초 또는 부드러운 크림 상태가 되면 작동을 멈춰 완성한다.

Tip

- 두부는 끓는 물에 약 30~40초 데쳐 사용한다. 생식용 두부라면 그대로 사용해도 좋다.
- 기호에 따라 고춧가루는 생략할 수 있다.
- 다진 마늘 (55p) 1t를 기호에 맞게 추가해도 좋다.
- 샐러드에 두부 딥 소스를 한스쿱 올려 먹으면 색다른 상큼함과 고소한 맛으로 즐길 수 있다.

HOMEMADE MAYONNAISE

홈 메이드 마요네즈

집에서 직접 만든 마요네즈는 시중에 판매하는 제품에 비해 고소한 맛이 더 풍부할 뿐만 아니라
첨가물 걱정 없이 안심하고 먹을 수 있는 큰 장점이 있습니다.
에어 디스크 컨테이너를 사용하면 보다 더 쉽고 빠르고 부드럽게 완성할 수 있습니다.

약 380g 분량

Aer Disc

Ingredients

달걀노른자	4개
소금	2t
식초	3T
레몬즙	1T
식용유	1컵 (약 240g)

Recipe

1. 식용유를 제외한 모든 재료를 에어 디스크 컨테이너에 순서대로 넣고 뚜껑을 닫아 본체와 결합한다.
2. 본체 다이얼의 가장 낮은 속도에서 작동 버튼을 누르고 속도 8로 다이얼을 돌린다.
3. 뚜껑의 플러그를 열고 식용유를 3~4회 나누어 넣는다.
4. 약 60초 또는 원하는 질감으로 블렌딩되면 작동을 멈춰 완성한다.

Tip

- Aer Disc 컨테이너가 없다면 Wet 컨테이너로 사용할 수 있다.
- 신선한 노른자를 사용해야 맛있는 마요네즈를 만들 수 있다.
- 노른자의 크기가 작은 경우 칼날이 충분히 덮일 수 있게 노른자를 1~2개 추가한다.
- 소금의 양은 기호에 따라 조절할 수 있다.
- 블렌딩 시간은 60초가 넘지 않도록 주의한다.

1 CUP

GARLIC DIP SAUCE

갈릭 딥 소스

갈릭 딥 소스는 피자를 찍어 먹는 소스로 가장 많이 사용되지만
야채에 찍어 먹거나, 햄버거나 치킨 등의 음식과 곁들이기에도 좋은 소스 중 하나입니다.
바이타믹스로 만든 수제 마요네즈에 신선한 마늘의 맛과 향을 더한 건강한 레시피입니다.

약 590g 분량

Wet

Ingredients

홈 메이드 마요네즈 (117p)	2컵 (약 480g)
다진 마늘 (55p)	1.5T
꿀	3T
레몬즙	1T
머스터드	2T

Recipe

1. 모든 재료를 컨테이너에 순서대로 넣고 뚜껑을 닫아 본체와 결합한다.
2. 본체 다이얼의 가장 낮은 속도에서 작동 버튼을 누르고 속도 5로 다이얼을 돌린다.
3. 재료가 균일하게 블렌딩되도록 탬퍼를 사용해 재료를 가운데로 모아준다.
4. 약 20초 또는 원하는 질감으로 블렌딩되면 작동을 멈춰 완성한다.

Tip

- 다진 마늘이 없다면 마늘 3~4알로 대체할 수 있으며,
  마늘이 잘 다져지도록 블렌딩 속도와 시간을 늘려 완성한다.
- 꿀의 양은 기호에 따라 조절할 수 있다.
- 홈 메이드 마요네즈는 시판 제품으로 대체할 수 있다.

RED PAPRIKA DIP SAUCE

레드 파프리카 딥 소스

샐러드나 볶음 요리에 주로 사용하는 파프리카를 바이타믹스를 이용해 새로운 맛의 딥 소스로 만든 레시피입니다.
딥 소스 하나로 테이블 전체가 이국적이고 더 특별해지는 마법을 경험할 수 있습니다.

약 310g 분량

Wet

Ingredients

볶은 레드 파프리카	2컵 (약 120g)
바질	1/2컵 (약 10g)
마늘	1알
참깨	1/2컵 (약 70g)
레몬즙	2T
간장	1T
올리브오일	2T
쿠민가루	1t
소금	1t
대추야자	3개

Recipe

1. 모든 재료를 컨테이너에 순서대로 넣고 뚜껑을 닫아 본체와 결합한다.
2. 본체 다이얼의 가장 낮은 속도에서 작동 버튼을 누르고 가장 높은 속도로 다이얼을 돌린다.
3. 단단한 재료가 균일하게 블렌딩되도록 탬퍼를 사용해 재료를 가운데로 모아준다.
4. 약 45초 또는 원하는 질감으로 블렌딩되면 작동을 멈춰 완성한다.

Tip

- 대추야자는 씨를 제거한 말린 제품을 사용하며 꿀 1T로 대체할 수 있다.
- 레드 파프리카는 얇게 썰어 올리브오일을 두른 팬에 볶거나 기름을 두른 후 오븐에 구워 사용한다. 익힘 정도는 개인의 기호에 맞게 조절한다.
- 블렌딩 시간이 짧으면 입자가 살아 있는 소스로, 길면 입자가 부드러운 소스로 완성된다.
- 다양한 고기 요리나 야채 스틱, 나초 등 다양한 음식의 딥 소스로 활용할 수 있다.
- 완성된 딥 소스는 샌드위치나 버거 소스로 사용할 수 있다.

TZATZIKI SAUCE

차지키 소스

차지키 소스는 그리스 레스토랑에서 샐러드나 샌드위치를 시키면 함께 나오는 소스입니다.
꼭 그리스 요리가 아니더라도 일반적인 샐러드의 소스로도, 닭고기나 소고기 같은 육류 요리에 곁들이기에도,
야채에 찍어 먹기에도 좋은 활용도 높은 만능 소스입니다.

약 600g 분량

Wet

Ingredients

그릭 요거트	450ml
딜	약간
오이	1/2개
다진 마늘 (55p)	0.5T
레몬즙	2T
올리브오일	1T
소금	약간
후추	약간

Recipe

1. 모든 재료를 컨테이너에 순서대로 넣고 뚜껑을 닫아 본체와 결합한다.
2. 본체 다이얼의 가장 낮은 속도에서 작동 버튼을 누르고 가장 높은 속도로 다이얼을 돌린다.
3. 단단한 재료가 균일하게 블렌딩되도록 탬퍼를 사용해 재료를 가운데로 모아준다.
4. 약 30초 또는 원하는 질감으로 블렌딩되면 작동을 멈춰 완성한다.

Tip

- 기호에 따라 오이와 딜의 양은 조절할 수 있다.
- 다진 마늘 대신 마늘 2알로 대체할 수 있다.
- 여분의 딜을 올려 장식할 수 있다.

HUMMUS

후무스

중동 음식에서 빠질 수 없는 스프레드, 후무스입니다.
슈퍼푸드로 알려진 병아리콩의 영양소를 그대로 담고 있어 더 건강하게 즐길 수 있습니다.

약 545g 분량

Wet

Ingredients

병아리콩	3/4컵 (약 150g)
참깨	1/2컵 (약 70g)
올리브오일	1컵 (약 240g)
병아리콩 삶은 물	1/4컵 (약 60ml)
레몬즙	1T
마늘	2알
쿠민가루	1t
소금	1t

Recipe

1. 병아리콩은 손으로 눌렀을 때 부드럽게 으스러지도록 물에 8시간 이상 불려 찜기나 압력밥솥, 끓는 물을 사용해 익힌 후 식힌다.
2. 모든 재료를 컨테이너에 순서대로 넣고 뚜껑을 닫아 본체와 결합한다.
3. 본체 다이얼의 가장 낮은 속도에서 작동 버튼을 누르고 가장 높은 속도로 다이얼을 돌린다.
4. 단단한 재료가 균일하게 블렌딩되도록 탬퍼를 사용해 재료를 가운데로 모아준다.
5. 약 60초 또는 원하는 질감으로 블렌딩되면 작동을 멈춰 완성한다.

Tip

- 좀 더 부드러운 질감으로 완성하고 싶다면 올리브오일이나 병아리콩 삶은 물을 2~3스푼 추가하면 좋다. 단, 병아리콩 삶은 물이 너무 많이 들어가면 비린내가 날 수 있으니 주의한다.
- 시금치나 파슬리 잎을 추가하면 초록빛이 도는 풍부한 영양소의 후무스가 된다.
- 야채 스틱이나 빵에 곁들여 먹어도 좋다.

WALNUT & DATE SPREAD

호두 & 대추야자 스프레드

불포화 지방산이 풍부해 두뇌 건강과 피부 미용에 도움을 줄 수 있는 호두를 활용한 비건 스프레드를 소개합니다.
호두만 사용했을 때 느껴질 수 있는 심심한 맛을 대추야자의 단맛으로 포인트를 준 레시피입니다.
베이글이나 바게트와 곁들여 먹으면 브런치 카페에 온 듯한 고급스러운 맛을 느낄 수 있습니다.
바이타믹스 본사 100주년 기념 쿡 북에 수록된 레시피를 구하기 쉬운 재료로 수정한, 많은 사랑을 받는 스프레드입니다.

약 350g 분량

Wet

Ingredients

호두	1/2컵 (약 60g)
대추야자	16개 (약 120g)
마늘	2알
올리브오일	4T
파르메산 치즈	4T
파슬리가루	2T
오레가노	1T
로즈마리	1t

Recipe

1. 모든 재료를 컨테이너에 순서대로 넣고 뚜껑을 닫아 본체와 결합한다.
2. 본체 다이얼의 가장 낮은 속도에서 작동 버튼을 누르고 가장 높은 속도로 다이얼을 돌린다.
3. 단단한 재료가 균일하게 블렌딩되도록 탬퍼를 사용해 재료를 가운데로 모아준다.
4. 약 30~45초 또는 전체적으로 질감이 살아 있고 균일하게 블렌딩되면 작동을 멈춰 완성한다.

Tip

- 대추야자는 씨를 제거한 말린 제품을 사용하며 꿀, 알룰로스, 아가베 시럽이나 메이플 시럽 등으로 대체할 수 있다.
- 기호에 따라 다양한 견과류를 섞으면 새로운 맛의 스프레드가 된다.
- 블렌딩 시간을 줄이면 호두와 대추야자가 씹히는 질감으로 완성된다.

Ball

CHOCOLATE HAZELNUT SPREAD

초콜릿 헤이즐넛 스프레드

한 입 맛보면 멈출 수 없는 극강의 달콤함과 고소함을 자랑하는 스프레드입니다.
크래커나 빵과 특히 잘 어울리며, 딸기와 같은 과일과 함께 먹기에도 좋습니다.

약 625g 분량

Wet

Ingredients

녹인 무염 버터	45ml
볶은 헤이즐넛	2컵 (약 260g)
밀크초콜릿 칩	1/2컵 (약 70g)
녹인 초콜릿	1컵 (약 250g)

Recipe

1. 녹인 초콜릿을 제외한 모든 재료를 컨테이너에 순서대로 넣고 뚜껑을 닫아 본체와 결합한다.
2. 본체 다이얼의 가장 낮은 속도에서 작동 버튼을 누르고 속도 8로 다이얼을 돌린다.
3. 재료가 균일하게 블렌딩되도록 탬퍼를 사용해 재료를 가운데로 모아준다.
4. 약 45~60초간 블렌딩한 후 뚜껑의 플러그를 열어 녹인 초콜릿을 넣고 블렌딩한다.
5. 재료가 균일하게 블렌딩되도록 탬퍼를 사용해 재료를 가운데로 모아준다.
6. 약 20초 또는 원하는 질감으로 블렌딩되면 작동을 멈춰 완성한다.

Tip

- 헤이즐넛은 오븐에 살짝 굽거나 프라이팬에 기름 없이 볶아 사용한다.
- 초콜릿과 버터는 전자레인지를 이용하거나 중탕해 녹여 사용한다.
- 아몬드나 캐슈넛, 마카다미아 등의 견과류를 추가하면 더욱 고소한 풍미를 느낄 수 있다.

BEEF STIR-FRY WITH GOCHUJANG

소고기볶음 고추장

한국인이라면 어떤 요리와도 맛있게 즐길 수 있는 만능 소스, 소고기볶음 고추장을 소개합니다.
바이타믹스를 사용하면 고기를 원하는 크기로 고르게 다질 수 있어 다져진 고기가 없더라도 순식간에 완성할 수 있습니다.
따뜻한 밥에 이 소고기볶음 고추장 하나만 비비면 한 그릇을 뚝딱 해치울 정도로 맛있답니다.

약 535g 분량

Wet

Ingredients

냉동 소고기	300g
양파	1/2개 (약 100g)
다진 파	2T
고추장	3T
설탕	1T
간장	1T
다진 마늘 (55p)	2T
후추	약간

Recipe

1. 실온에서 살짝 해동한 냉동 소고기와 양파를 뚜껑의 플러그를 통과할 정도의 크기로 자른다.
2. 뚜껑을 닫은 빈 컨테이너를 본체에 결합해 속도를 5로 올리고 작동한다.
3. 뚜껑의 플러그를 열고 **1**을 칼날을 향해 떨어뜨려 다진다.
4. 프라이팬에 기름을 두르고 다진 파를 볶은 후 **3**을 넣어 함께 볶는다.
5. **4**에 남은 재료를 모두 넣고 중약불에서 충분히 볶은 후 완성한다.

Tip

- 드롭 초핑(28p)을 참고해 다진다.
- 파는 잘게 다져 준비한다.
- 냉동하지 않은 소고기는 컨테이너에 양파와 함께 넣고 속도 다이얼 6~8로 탬퍼를 사용해 재료를 가운데로 모아주며 잘게 다진다.
- 컨테이너 벽에 붙은 소고기와 양파는 언더 블레이드 스크레이퍼 또는 주걱이나 숟가락을 이용하여 꺼낸다.
- 완성된 볶음 고추장은 밥 외에도 당근, 오이와 같은 야채에 찍어 먹는 딥 소스로 활용할 수 있다.

BROCCOLI PESTO

브로콜리 페스토

바질 페스토로 우리에게 친숙한 페스토는, 바질 대신 시금치나 브로콜리를 사용하면 또 다른 매력의 페스토가 됩니다.
여러 가지 채소를 사용해 파스타나 샌드위치의 소스로 다양하게 활용할 수 있습니다.

약 700g 분량

Wet

Ingredients

데친 브로콜리	3컵 (약 360g)
파슬리가루	2T
올리브오일	4T
잣	2T
파르메산 치즈	1컵 (약 140g)
레몬	1개
소금	0.5T
후추	약간

Recipe

1. 모든 재료를 컨테이너에 순서대로 넣고 뚜껑을 닫아 본체와 결합한다.
2. 본체 다이얼의 가장 낮은 속도에서 작동 버튼을 누르고 가장 높은 속도로 다이얼을 돌린다.
3. 단단한 재료가 균일하게 블렌딩되도록 탬퍼를 사용해 재료를 가운데로 모아준다.
4. 약 20초 또는 원하는 질감으로 블렌딩되면 작동을 멈춰 완성한다.

Tip

- 브로콜리는 끓는 물에 약 1~2분간 데쳐 사용한다.
- 브로콜리 대신 시금치, 바질 등 원하는 재료를 넣어 페스토를 만들 수 있다.
- 완성된 페스토는 나초나 크래커에 찍어 먹어도 좋다.
- 펄스 기능을 사용하면 질감이 살아 있는 형태로 완성된다.

BLACK SESAME DRESSING

흑임자 참깨 드레싱

아무리 야채를 싫어하는 사람이라도 맛있는 드레싱이 뿌려진 샐러드라면 기꺼이 먹을 수 있죠.
고소한 흑임자와 참깨로 드레싱을 만들면 시중에 판매하는 제품보다 고소함과 신선함을 더 풍성하게 느낄 수 있어요.
어른들은 물론 아이들까지 모두가 좋아하는 드레싱이랍니다.

약 675g 분량

Wet

Ingredients

흑임자	3/4컵 (약 100g)
참깨	4T
홈 메이드 마요네즈 (117p)	1/2컵 (약 120g)
꿀	3T
레몬즙	4T
매실청	3T
소금	1t
홈 메이드 두유 (45p)	1컵 (약 240g)

Recipe

1. 모든 재료를 컨테이너에 순서대로 넣고 뚜껑을 닫아 본체와 결합한다.
2. 본체 다이얼의 가장 낮은 속도에서 작동 버튼을 누르고 가장 높은 속도로 다이얼을 돌린다.
3. 단단한 재료가 균일하게 블렌딩되도록 탬퍼를 사용해 재료를 가운데로 모아준다.
4. 약 20초 또는 원하는 질감으로 블렌딩되면 작동을 멈춰 완성한다.

Tip

- 레몬즙은 식초로 대체 가능하다.
- 꿀과 매실청의 양은 기호에 따라 조절할 수 있다.
- 완성된 드레싱은 연근과 함께 먹어도 좋다.
- 홈 메이드 마요네즈와 홈 메이드 두유는 시판 제품으로 대체할 수 있다.

WASABI ORIENTAL DRESSING

와사비 오리엔탈 드레싱

샐러드는 물론 냉우동, 냉메밀의 소스로도 활용도가 높은 와사비 오리엔탈 드레싱을 소개합니다.
새콤달콤한 맛과 기분 좋게 톡 쏘는 와사비의 향이 없던 입맛도 확 끌어올려 줍니다.
제가 집에 온 손님들에게 자주 만들어 주는 드레싱인데요, 먹어본 사람마다 레시피를 물어볼 정도로 인기가 많은 드레싱입니다.

약 530g 분량

Aer Disc

Ingredients

올리브오일	8T
레몬즙	4T
식초	4T
간장	4T
참기름	4T
설탕	6T
와사비	4t
굴소스	2T
다진 마늘 (55p)	2T
후추	약간

Recipe

1. 모든 재료를 컨테이너에 순서대로 넣고 뚜껑을 닫아 본체와 결합한다.
2. 본체 다이얼의 가장 낮은 속도에서 작동 버튼을 누르고 가장 높은 속도로 다이얼을 돌린다.
3. 단단한 재료가 균일하게 블렌딩되도록 탬퍼를 사용해 재료를 가운데로 모아준다.
4. 약 30초 또는 모든 재료가 골고루 블렌딩되면 작동을 멈춰 완성한다.

Tip

- Aer Disc 컨테이너가 없다면 Wet 컨테이너로 사용할 수 있으며, 이 경우 다진 마늘이 아닌 통마늘(약 5알)을 사용할 수 있다.
- 야채와 새우, 메밀면, 우동면 등 다양한 재료를 버무려 드레싱과 먹으면 든든한 한 끼로 즐길 수 있다.

TOFU CASHEW CREAM CHEESE

두부 캐슈넛 크림 치즈

단백질과 칼슘이 풍부한 캐슈넛과 두부를 메인 재료로 만든 크림 치즈입니다.
베이글에 크림 치즈 대신 발라 먹거나 야채 스틱에 찍어 먹으면 맛도 영양소도 배가 됩니다.
매번 똑같은 맛이었던 지루한 야채의 맛을 새롭게 해줄 매력 만점 크림 치즈를 바이타믹스로 만들어 보세요.

약 560g 분량

Wet

Ingredients

캐슈넛	1½컵 (약 225g)
데친 두부 (단단한)	한 모 (약 300g)
소금	1t
레몬즙	1T
물	1T

Recipe

1. 캐슈넛은 물에 약 2시간 이상 불린다.
2. 모든 재료를 컨테이너에 순서대로 넣고 뚜껑을 닫아 본체와 결합한다.
3. 본체 다이얼의 가장 낮은 속도에서 작동 버튼을 누르고 가장 높은 속도로 다이얼을 돌린다.
4. 단단한 재료가 균일하게 블렌딩되도록 탬퍼를 사용해 재료를 가운데로 모아준다.
5. 약 30~40초 또는 원하는 질감으로 블렌딩되면 작동을 멈춰 완성한다.

Tip

- 두부는 끓는 물에 약 30~40초 데쳐 물기를 제거한 후 사용한다.
  생식용 두부는 데치지 않고 사용할 수 있다.
- 생캐슈넛과 볶은 캐슈넛 모두 사용 가능하며 볶은 캐슈넛을 사용하면 소화 흡수율이 좀 더 높고 고소한 맛이 난다.
- 잘게 썬 부추나 쪽파를 추가하면 부추 크림 치즈와 쪽파 크림 치즈를 각각 즐길 수 있다.
- 크림 치즈가 너무 되직하면 물을 조금씩 추가해 부드러운 질감으로 만들 수 있다.

MEALS & SIDES

식사 & 사이드

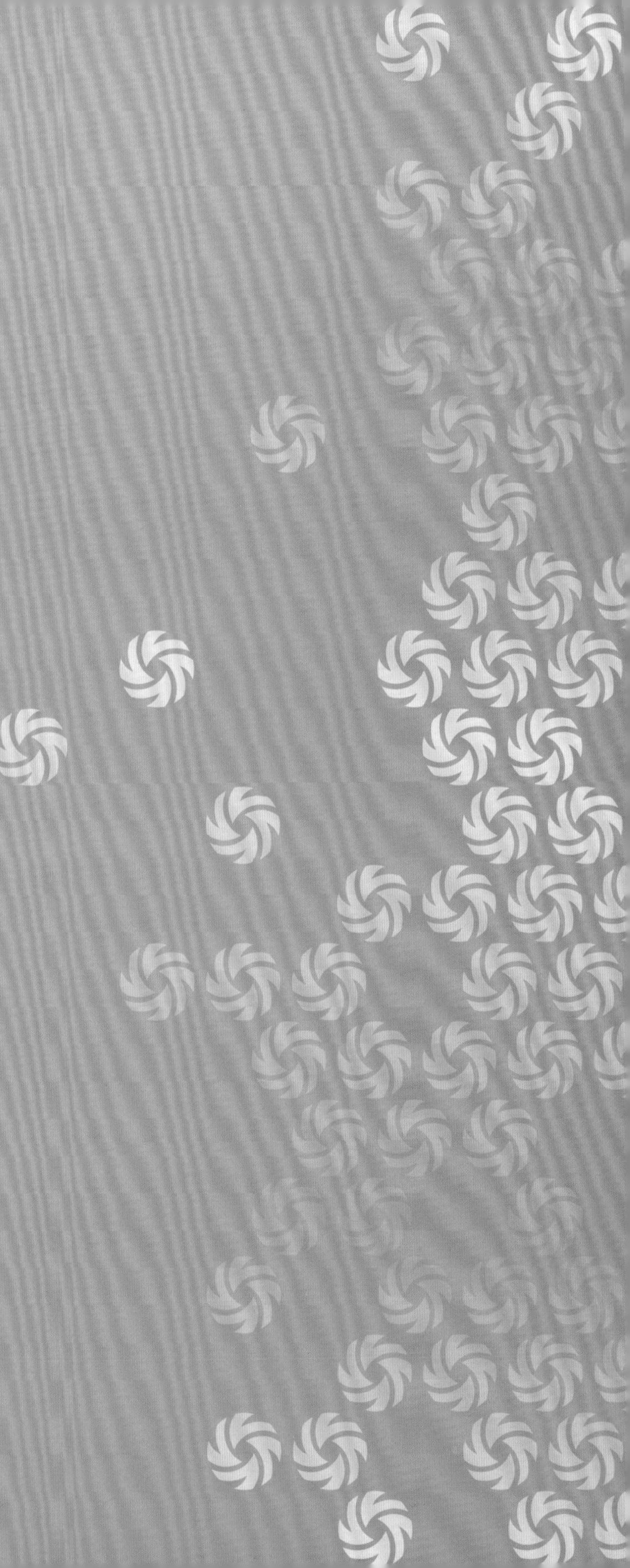

01. 홈 메이드 그린 토르티야
02. 녹두전
03. 불고기 양념
04. 수제 떡갈비
05. 볶음밥
06. 전복죽
07. 코울슬로
08. 콩국수
09. 매쉬드 포테이토
10. 그린빈 캐서롤
11. 렌틸 미트볼
12. 만두소
13. 수제비 반죽
14. 달걀찜
15. 김칫소

HOMEMADE GREEN TORTILLA

홈 메이드 그린 토르티야

밀가루가 전혀 들어가지 않은 토르티야로, 글루텐 섭취를 제한하거나
다이어트를 위해 식단을 조절하고 있는 분들에게 특히 좋은 레시피입니다.
시금치와 달걀에 바이타믹스의 파워풀한 모터와 칼날의 힘만 더해주면 마법 같은 반죽이 완성됩니다.
양념이 된 고기나 야채를 넣고 기호에 맞는 소스를 뿌리고 돌돌 말아 부리토로 즐겨보세요.

약 2개 분량

Wet

Ingredients

시금치	50g
달걀	4개
소금	1t

Recipe

1. 모든 재료를 컨테이너에 순서대로 넣고 뚜껑을 닫아 본체와 결합한다.
2. 본체 다이얼의 가장 낮은 속도에서 작동 버튼을 누르고 가장 높은 속도로 다이얼을 돌린다.
3. 재료가 균일하게 블렌딩되도록 탬퍼를 사용해 재료를 가운데로 모아준다.
4. 약 30초 또는 덩어리 없이 부드러운 질감이 되면 작동을 멈춰 완성한다.
5. 완성된 반죽은 약불로 예열한 프라이팬에 기름을 두른 후, 원하는 크기로 반죽을 부어 앞뒤로 충분히 구워 식힌다.

Tip

시금치 대신 당근을 넣으면 오렌지빛을 띠는 당근 토르티야가 된다.

NOKDUJEON

녹두전

반찬으로도, 안주로도 좋은 녹두전입니다. 개인적으로 녹두전을 너무 좋아해서 유명한 음식점을 찾아 다니곤 했는데, 바이타믹스로 간편하게 만들 수 있는 방법을 알고 난 후로는 집에서만 만들어 먹을 정도로 만족하는 레시피입니다. 막걸리와 잘 어울리고, 가끔은 청량한 음료와 함께 즐기고 싶어지는 녹두전을 소개합니다.

약 3장 분량

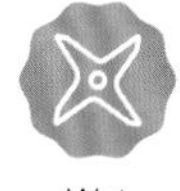
Wet

Ingredients

녹두	2컵 (약 450g)
쌀	2/3컵 (약 160g)
물	1~2컵 (약 240~480ml)
돼지고기	400g
숙주	300g
삶은 고사리	160g
김치	150g
다진 마늘 (55p)	1T
소금	0.5T
후추	약간
참깨	약간

Recipe

1. 녹두와 쌀은 약 5시간 이상 물에 불린다.
2. 불린 녹두, 불린 쌀, 물을 컨테이너에 넣고 뚜껑을 닫는다.
3. 본체 다이얼의 가장 낮은 속도에서 작동 버튼을 누르고 가장 높은 속도로 다이얼을 돌린다.
4. 탬퍼를 사용하여 재료를 컨테이너 코너에서 칼날 쪽으로 보내듯이 눌러준다.
5. 블렌딩된 내용물은 믹싱볼에 옮기고, 컨테이너 반 정도의 물과 주방세제 한 방울을 넣는다.
6. 본체 다이얼의 가장 낮은 속도에서 작동 버튼을 누르고 가장 높은 속도로 다이얼을 돌려 컨테이너를 세척한다.
7. 세척이 완료된 컨테이너에 돼지고기를 넣고 본체 다이얼의 가장 낮은 속도에서 작동 버튼을 누르고 속도 8로 돌린다.
8. 탬퍼를 사용하여 재료를 컨테이너 코너에서 칼날 쪽으로 보내듯이 눌러준다.
9. 다진 돼지고기를 컨테이너에서 꺼내어 5의 믹싱볼에 옮겨 담고 남은 재료를 모두 넣고 섞어 반죽을 완성한다.
10. 예열된 프라이팬에 기름을 두르고 원하는 크기로 노릇하게 굽는다.

Tip

- 고사리는 물에 담가 충분히 불린 후 끓는 물에 20~30분 또는 부드러운 질감이 될 때까지 삶는다.
- 컨테이너 세척은 자동 세척(28p) 기능을 참고한다.
- 김치를 씻어 사용하거나 생략하면 어린아이들도 함께 먹을 수 있다.
- 반죽의 농도는 물을 사용해 조절한다.

BULGOGI MARINADE

불고기 양념

이제 한국을 넘어 전 세계에서 사랑받는 한국 대표 음식 불고기의 맛있는 양념 레시피를 소개합니다.
보통 고기를 부드럽게 만들기 위해 단백질 분해 효소를 가지고 있는 키위나 배, 파인애플을 다져 양념에 사용하는데요,
바이타믹스를 사용하면 양념을 한 번에 갈아 만들 수 있어 시간도 절약되고 설거지도 줄일 수 있습니다.
얇게 썰어진 소고기만 준비해주세요.

소고기 약 500g 분량 Wet

Ingredients

간장	6T
맛술	2T
설탕	2T
매실청	1T
배	1/2개 (약 130g)
양파	1/4개 (약 50g)
마늘	5알
참기름	2T
후추	약간
참깨	약간

Recipe

1. 모든 재료를 컨테이너에 순서대로 넣고 뚜껑을 닫아 본체와 결합한다.
2. 본체 다이얼의 가장 낮은 속도에서 작동 버튼을 누르고 가장 높은 속도로 다이얼을 돌린다.
3. 단단한 재료가 균일하게 블렌딩되도록 탬퍼를 사용해 재료를 가운데로 모아준다.
4. 약 30초 또는 덩어리 없이 부드러운 양념이 되면 작동을 멈춘다.

Tip

- 기호에 따라 설탕과 매실청의 양은 조절할 수 있다.
- 배는 키위로 대체할 수 있다.
- 완성된 불고기 양념은 소고기에 부어 30분 이상 숙성하면 더욱 맛있게 즐길 수 있다.

HOMEMADE TTEOKGALBI

수제 떡갈비

바이타믹스는 칼로 힘들게 고기를 다지지 않아도 순식간에 다진 고기로 만들어줍니다.
또한 야채도 함께 다질 수 있어 한식뿐만 아니라 일식, 양식, 중식 요리에도 자주 활용됩니다.
바이타믹스로 고기와 야채를 다져 만든 수제 떡갈비를 소개합니다.

약 4개 분량

Wet

Ingredients

소고기	300g
돼지고기	150g
찹쌀가루	2T
대파	1개
양파	1/4개 (약 50g)
마늘	3알
맛술	1T
간장	3T
설탕	1T
물엿	3T
후추	약간

Recipe

1. 모든 재료를 컨테이너에 순서대로 넣고 뚜껑을 닫아 본체와 결합한다.
2. 본체 다이얼의 가장 낮은 속도에서 작동 버튼을 누르고 속도 6~7로 다이얼을 돌린다.
3. 단단한 재료가 균일하게 블렌딩되도록 탬퍼를 사용해 재료를 가운데로 모아준다.
4. 약 40초 또는 재료가 균일하게 다져지면 작동을 멈춰 완성한다.
5. 예열된 프라이팬에 기름을 두르고 4를 원하는 크기만큼 동그랗게 빚어 충분히 익을 때까지 앞뒤로 굽는다.

Tip

간장, 참기름, 꿀을 각 한 스푼씩 섞으면 떡갈비와 어울리는 유장 소스로 완성할 수 있다.

FRIED RICE

볶음밥

바이타믹스의 야채 다지기 기능은 칼질이 익숙하지 않은 요리 초보자들도
간편하고 빠르게 야채를 다질 수 있는 유용한 기능입니다.
그동안 야채를 다지기 힘들어 포기했던 수제 볶음밥을 바이타믹스로 쉽게 만들어보세요.

약 2인 분량

Wet

Ingredients

당근	1/2개
감자	1/2개
파프리카	1/3개
햄	100g
식힌 밥	2인분 (약 640g)
피시소스	1.5T

Recipe

1. 당근, 감자, 파프리카, 햄을 뚜껑의 플러그를 통과할 수 있을 정도의 크기로 자른다.
2. 뚜껑을 닫은 빈 컨테이너를 본체에 결합해 속도를 5~6으로 올리고 작동한다.
3. 뚜껑의 플러그를 열고 **1**을 칼날을 향해 떨어뜨려 다진다.
4. 예열된 프라이팬에 기름을 두르고 **3**을 넣어 노릇하게 볶는다.
5. 식힌 밥과 피시소스를 넣고 골고루 볶아 완성한다.

Tip

- 3번 과정은 드롭 초핑(28p)을 참고해 다진다.
- 기호에 따라 야채 종류와 비율은 조절할 수 있다.
- 피시소스 외에도 간장, 버터, 굴소스 등 다양한 양념을 추가할 수 있다.

JEONBOKJUK

전복죽

입에 넣는 순간 고소함이 폭발하는 전복죽을 소개합니다.
바이타믹스를 사용하면 전복죽은 만들기 어렵고 시간이 오래 걸린다는 편견을 깰 수 있습니다.
바이타믹스의 야채 다지기 기능과 전복의 내장을 골고루 블렌딩하는 기능을 활용하면 쉽고 간편하고 맛있게 완성할 수 있습니다.

약 3인 분량

Wet

Ingredients

전복	3개
물A	1/2컵 (약 120ml)
당근	1/2개
양파	1/2개 (약 100g)
소금	1t
참기름	약간
밥	2~3인분 (약 800g)
물B	3컵 (약 720ml)

Recipe

1. 전복을 깨끗하게 손질해 내장과 살을 분리한다.
2. 손질한 전복 살은 얇게 썰고, 내장은 물A와 함께 컨테이너에 넣고 뚜껑을 닫아 본체와 결합한다.
3. 본체 다이얼의 가장 낮은 속도에서 작동 버튼을 누르고 속도 8로 약 20초간 블렌딩해 그릇에 옮긴다.
4. 컨테이너에 반 정도의 물과 주방세제 한 방울을 넣고 뚜껑을 닫아 본체 다이얼의 가장 낮은 속도에서 작동 버튼을 누르고 가장 높은 속도로 다이얼을 돌려 컨테이너를 세척한다.
5. 당근과 양파를 컨테이너 뚜껑의 플러그를 통과할 수 있는 크기로 썬다.
6. 뚜껑을 닫은 빈 컨테이너를 본체에 결합해 속도를 4~5로 올리고 작동한다.
7. 뚜껑의 플러그를 열고 **5**를 칼날을 향해 떨어뜨려 다진다.
8. 예열된 프라이팬에 참기름을 두르고 **3**을 약불에 볶는다.
9. **7**을 넣고 추가로 볶은 후 밥과 물B을 넣어 충분히 끓인다.

Tip

- 7번 과정은 드롭 초핑(28p)을 참고해 다진다.
- 컨테이너 세척은 자동 세척(28p) 기능을 참고한다.
- 죽의 농도는 물로 조절한다.
- 기호에 따라 소금이나 국간장으로 간한다.
- 기호에 따라 완성 후 참기름이나 들기름을 뿌린다.

COLESLAW

코울슬로

양배추를 더욱 아삭하고 달콤하게 즐길 수 있는 코울슬로를 소개합니다.
바비큐와 같은 다양한 고기 요리에도, 치킨과 피자 같은 기름진 음식에도 정말 잘 어울린답니다.

약 3인 분량

Wet

Ingredients

양배추	1/2개
당근	1/2개
적양파	1/4개
물	약간
홈 메이드 마요네즈 (117p)	1/2컵 (약 120g)
머스터드	1T
식초	0.25T
꿀	2T
소금	약간
후추	약간

Recipe

1. 양배추의 심지를 잘라내고 4등분하여 준비한다.
2. 컨테이너에 **1**과 당근, 적양파를 넣고 재료가 모두 잠길 정도의 물을 넣어 뚜껑을 닫는다.
3. 컨테이너를 본체에 결합하고 속도 6으로 펄스 기능을 사용해 질감을 살려 다진다.
4. 재료가 균일하게 다져질 수 있도록 탬퍼를 사용해 재료를 가운데로 모아준다.
5. 체에 걸러 물기를 제거한다.
6. 믹싱볼에 **5**와 남은 재료를 넣고 섞어 완성한다.

Tip

- 물을 사용한 초핑(28p)을 참고해 다진다.
- 홈 메이드 마요네즈는 시판 제품으로 대체할 수있다 .

KONGGUKSU

콩국수

무더위가 시작되면 가장 먼저 떠오르는 여름 별미, 콩국수를 소개합니다.
바이타믹스 쇼핑 라이브, 블렌딩 클래스에서 자주 시연된 인기 메뉴로 먹어본 사람들 모두가 극찬할 정도로 깊은 고소함을 내는 레시피입니다. 특히 시판 콩물에 들어가는 인공 감미료와 첨가물에 대한 걱정 없이, 직접 불리고 삶고 손질한 재료를 사용한 콩국수이기에 더욱 안심하고 즐길 수 있습니다.

약 3~4인 분량

Wet

Ingredients

백태 (백두)	4/5컵 (약 150g)
서리태	1/2컵 (약 90g)
물	6컵 (약 1.4L)
참깨	2T
잣	1T
소면 또는 중면	3~4인분

Recipe

1. 백태와 서리태는 손으로 눌렀을 때 부드럽게 으스러지도록 5시간 이상 물에 불려 끓는 물에 약 10분간 익힌 후 식힌다.
2. 모든 재료를 컨테이너에 순서대로 넣고 뚜껑을 닫아 본체와 결합한다.
3. 본체 다이얼의 가장 낮은 속도에서 작동 버튼을 누르고 가장 높은 속도로 다이얼을 돌린다.
4. 단단한 재료가 균일하게 블렌딩되도록 탬퍼를 사용해 재료를 가운데로 모아준다.
5. 약 50초 또는 서리태 껍질이 잘게 블렌딩되면 작동을 멈춘다.
6. 소면 또는 중면을 삶아 식힌 후 **4**와 함께 담아 완성한다.

Tip

- 1.4L 컨테이너를 사용할 경우 재료의 양을 줄인다.
- 기호에 따라 소금과 설탕으로 간한다.
- 기호에 따라 아몬드나 캐슈넛 등의 좋아하는 견과류를 추가하면 더욱 고소하게 완성할 수 있다.
- 얼음을 추가하면 바로 먹어도 시원한 콩물이 완성된다.
- 물이나 콩 삶은 물을 사용해 농도를 조절한다.

MASHED POTATOES

매쉬드 포테이토

감자와 머스터드의 조화가 인상적인 감자 샐러드입니다.
서양의 고기 요리에 빠지지 않을 정도로 고기와 찰떡궁합을 자랑하는 사이드 디시입니다.

약 2~3인 분량

Wet

Ingredients

익힌 감자	4개
삶은 달걀	2개
소금	0.5t
홈 메이드 마요네즈 (117p)	3T
머스터드	1T
레몬즙	1T
꿀	1T

Recipe

1. 모든 재료를 컨테이너에 순서대로 넣고 뚜껑을 닫아 본체와 결합한다.
2. 본체 다이얼의 가장 낮은 속도에서 작동 버튼을 누르고 가장 높은 속도로 다이얼을 돌린다.
3. 재료가 균일하게 블렌딩되도록 탬퍼를 사용해 재료를 가운데로 모아준다.
4. 약 50초 또는 쫀득하고 윤기나는 질감이 되면 작동을 멈춰 완성한다.

Tip

- 홈 메이드 마요네즈는 시판용 마요네즈로 대체할 수 있다.
- 감자는 젓가락이 쉽게 들어갈 정도로 찜기나 오븐, 전자레인지로 부드럽게 익힌다.
- 달걀은 완숙으로 삶아 사용해야 완성된 질감이 좋다.
- 당근, 양파, 셀러리 등 좋아하는 야채를 드롭 초핑(28p) 기능을 참고해 다진 후 완성된 매쉬드 포테이토와 섞어 완성해도 좋다.

GREEN BEAN CASSEROLE

그린빈 캐서롤

미국에서 추수감사절이나 크리스마스 파티 음식으로 자주 등장하는 오븐 요리입니다.
제가 홈 파티를 할 때마다 만들 정도로 먹어본 사람들의 반응이 정말 좋았던, 한국인의 입맛에도 잘 맞는 메뉴이기도 합니다.
만드는 방법이 간단해 바이타믹스의 도움을 받아 누구나 만들 수 있습니다.

약 3인 분량

Wet

Ingredients

볶은 양송이버섯	2컵 (약 150g)
치킨 스톡	1t
물	1/2컵 (약 120ml)
생크림	4T
마늘	3알
소금	약간
후추	약간
그린빈	2컵 (약 180g)
멕시칸 스타일 슈레드 치즈	120g
프렌치 어니언	1/2컵 (약 50g)
파슬리가루	약간

Recipe

1. 볶은 양송이버섯, 치킨 스톡, 물, 생크림, 마늘, 소금, 후추를 컨테이너에 넣고 뚜껑을 닫아 본체와 결합한다.
2. 본체 다이얼의 가장 낮은 속도에서 작동 버튼을 누르고 가장 높은 속도로 다이얼을 돌린다.
3. 재료가 균일하게 블렌딩되도록 탬퍼를 사용해 재료를 가운데로 모아준다.
4. 약 30초 또는 재료가 균일하게 블렌딩되면 작동을 멈춘다.
5. 오븐 용기에 깨끗하게 손질한 그린빈과 **4**를 섞어 담는다.
6. 멕시칸 스타일 슈레드 치즈로 위를 덮고 200~220°C로 예열한 오븐에 약 20분 굽는다.
7. **6**에 프렌치 어니언과 파슬리가루를 올려 완성한다.

Tip

- 그린빈은 부드러운 질감을 위해 끓는 물에 약 30초 정도 살짝 데친 후 사용해도 좋다.
- 양송이버섯은 기름을 두른 팬에 중불로 충분히 볶아 사용한다.
- 오븐에 넣을 때 여분의 볶은 양송이버섯을 썰어 넣으면 더욱 쫀득한 식감이 추가된다.
- 치즈가 노릇하게 색이 나면 오븐에서 꺼낸다.
- 프렌치 어니언은 양파를 썰어 밀가루를 묻힌 후 기름에 튀겨서 만들거나 시판 제품을 사용한다.

LENTIL MEATBALLS

렌틸 미트볼

고기 대신 렌틸콩을 사용해 더 특별한 비건 미트볼입니다.
고기만큼 담백하고 고소한 렌틸콩으로 만드는 누구나 맛있게 먹을 수 있는 레시피입니다.
다양한 소스를 추가하면 더욱 맛있게 즐길 수 있습니다.

약 4인 분량

Wet

Ingredients

브라운 렌틸콩	2/3컵 (약 130g)
양파	1/2개 (약 100g)
빵가루	2T
파슬리가루	2T
달걀	1개
파프리카 파우더	약간
오레가노	약간
소금	1t
후추	약간

Recipe

1. 브라운 렌틸콩은 끓는물이나 찜기 등으로 익힌 후 식힌다.
2. 모든 재료를 컨테이너에 순서대로 넣고 뚜껑을 닫아 본체와 결합한다.
3. 본체 다이얼의 가장 낮은 속도에서 작동 버튼을 누르고 가장 높은 속도로 다이얼을 돌린다.
4. 단단한 재료가 균일하게 블렌딩되도록 탬퍼를 사용해 재료를 가운데로 모아준다.
5. 약 45초 또는 재료가 균일하게 블렌딩되면 작동을 멈춰 완성한다.
6. 완성된 미트볼을 원하는 크기만큼 동그랗게 빚어 오븐에 굽고, 다양한 소스(토마토, 크림 등)를 이용해 요리한다.

Tip

- 브라운 렌틸콩은 작고 두께가 얇아 끓는물이나 찜기 등으로 빠르게 익힐 수 있다.
- 브라운 렌틸콩은 레드 렌틸콩과 그린 렌틸콩으로 대체할 수 있다.
- 기호에 따라 파프리카 파우더는 생략할 수 있다.

DUMPLING FILLING

만두소

가족과 함께 옹기종기 모여 만들어 먹기 좋은 만두의 소 레시피입니다.
매번 사 먹기만 했던 만두를 가족의 입맛에 맞춰 재료를 배합해 만들 수 있어 훨씬 맛있게 즐길 수 있습니다.

약 20개 분량

Wet

Ingredients

두부	반 모 (약 150g)
돼지고기	200g
잘게 썬 부추	5T
대파	1/2개
양파	1/2개 (약 100g)
당근	1/2개
간장	2T
다진 마늘 (55p)	1T
소금	0.5t
후추	약간
설탕	2t
굴소스	2T
참기름	1T

Recipe

1. 두부를 면포에 넣고 눌러 물기를 짠다.
2. **1**과 모든 재료를 컨테이너에 순서대로 넣고 뚜껑을 닫아 본체와 결합한다.
3. 본체 다이얼의 가장 낮은 속도에서 작동 버튼을 누르고 가장 높은 속도로 다이얼을 돌린다.
4. 단단한 재료가 균일하게 블렌딩되도록 탬퍼를 사용해 재료를 가운데로 모아준다.
5. 약 40~45초 또는 고기와 야채가 고르게 블렌딩되면 작동을 멈춰 완성한다.

Tip

- 부추의 식감을 살리고 싶다면 모든 재료를 블렌딩한 후 잘게 썬 부추를 넣고 섞어 완성한다.
- 기호에 따라 야채의 종류는 변경할 수 있다.
- 시판 만두피를 사용할 경우 가장자리에 물을 적당히 묻혀 서로 붙을 수 있게 만들어야 터지지 않는다.

SUJEBI DOUGH

수제비 반죽

베이킹이나 면 요리를 만들 때처럼, 다양한 반죽이 필요한 순간마다 바이타믹스는 그 역할을 톡톡히 해냅니다.
손목이 아프게 반죽을 치댈 필요 없이 바이타믹스 펄스 기능을 활용해 반죽을 완성하고 숙성해 사용하면
집에서도 쫄깃한 수제비 반죽을 간편하게 만들 수있습니다.

약 4인 분량

Wet

Ingredients

중력분	400g
식용유	2T
소금	1t
물	1컵 (약 240ml)

Recipe

1. 모든 재료를 컨테이너에 순서대로 넣고 뚜껑을 닫는다.
2. 컨테이너를 본체에 결합하고 속도 6으로 펄스 기능을 사용해 질감을 살려 다진다.
3. 반죽이 균일하게 뭉쳐지도록 탬퍼를 사용해 재료를 가운데로 모아준다.
4. 약 30~40초 또는 한 덩어리의 반죽이 되면 작동을 멈춰 완성한다.
5. 완성된 반죽을 랩이나 비닐로 감싸 담아 최소 1시간 이상 숙성한 후 사용한다.

Tip

- 숙성을 거치면 더욱 탄력 있는 반죽으로 완성된다.
- 밀가루 반죽이 묻은 컨테이너는 반죽 직후 물에 불려야 세척이 쉽다.

STEAMED EGG

달걀찜

달걀찜은 한국인의 밥상에 너무도 흔한 음식이지만, 바이타믹스의 칼날을 거치면 전혀 다른 질감의 요리로 완성됩니다.
몽글몽글 구름처럼 입안에서 부드럽게 퍼지는 달걀찜을 이제 집에서도 즐겨보세요.

약 2~3인 분량

Wet

Ingredients

달걀	4개
물	130ml
치킨 스톡	0.5t
소금	0.5T
다진 마늘 (55p)	0.5t
참기름	1T
참깨	약간

Recipe

1. 참기름과 참깨를 제외한 모든 재료를 컨테이너에 순서대로 넣고 뚜껑을 닫아 본체와 결합한다.
2. 본체 다이얼의 가장 낮은 속도에서 작동 버튼을 누르고 속도 5~6으로 다이얼을 돌린다.
3. 약 30~40초 또는 한 달걀의 알끈이 풀리고 균일하게 블렌딩되면 작동을 멈춰 완성한다.
4. 달걀찜 용기에 완성된 **3**을 넣고 중불로 저으며 익힌다.
5. 달걀이 조금씩 익기 시작하면 뚜껑을 덮고 약불로 줄여 약 1~2분간 익힌다.
6. 참기름과 참깨를 뿌려 완성한다.

Tip

- 치킨 스톡은 설탕 0.5T로 대체할 수 있다.
- 기호에 따라 다진 마늘은 생략할 수 있다.
- 뚜껑을 덮기 전 대파를 썰어 넣으면 더욱 풍미 있는 달걀찜이 된다.

KIMCHI FILLING

김칫소

김장철이 오면 옹기종기 모여 앉아 절임 배추 사이사이에 김칫소을 넣는 모습이 연상되시죠.
하지만 김칫소에 들어가는 많은 재료를 손질해야 하는 번거로움 때문에 김장하기가 꺼려지는 분들도 많을 텐데요,
바이타믹스와 함께라면 손이 많이 가는 김칫소도 빠르게 완성할 수 있습니다.
절임 배추만 준비하면 올겨울 김장은 끄떡없어요.

절인 배추 2~3포기 기준 (약 5kg)

Wet

Ingredients

북어 육수	250ml
고춧가루 (197p)	2컵 (약 180g)
다진 마늘 (55p)	2/3컵 (약 170g)
생강	50g
찹쌀 풀	1½컵 (약 370g)
새우젓	1/3컵 (약 100g)
멸치액젓	2/3컵 (약 160g)
매실청	100ml

Recipe

1. 모든 재료를 컨테이너에 순서대로 넣고 뚜껑을 닫아 본체와 결합한다.
2. 본체 다이얼의 가장 낮은 속도에서 작동 버튼을 누르고 가장 높은 속도로 다이얼을 돌린다.
3. 재료가 균일하게 블렌딩되도록 탬퍼를 사용해 재료를 가운데로 모아준다.
4. 약 30~40초 또는 모든 재료가 균일하게 블렌딩되면 작동을 멈춰 완성한다.

Tip

- 북어 육수는 팬에 구운 북어 머리, 양파, 다시마, 건표고, 대파 등을 넣고 취향에 맞게 조합한 후, 물을 부어 센 불에서 끓인다. 육수가 끓기 시작하면 다시마를 건져내고, 중약불로 줄여 20분 정도 더 끓인 후 식혀서 사용한다.
- 김치는 지역과 집안마다 다양한 레시피로 만들어진다. 기호에 따라 필요한 재료를 추가하거나 생략해 블렌딩해 완성한다.

DESSERTS & SNACKS

디저트 & 스낵

01. 라이스 치아시드 머핀

02. 바나나 브레드

03. 팡 지 케이주

04. 브라우니 트러플

05. 바나나 오트밀 팬케이크

06. 크런치 포테이토

07. 단호박 인절미

08. 어묵바

RICE CHIA SEED MUFFINS

라이스 치아시드 머핀

밀가루를 넣지 않았는데도 정말 고소하고 맛있는 머핀이 있습니다.
바이타믹스만 있으면 만들 수 있는 이 머핀은 글루텐 섭취를 줄이고자 하는 분들에게 좋은 선택지가 될 것입니다.
우리 가족의 아침 식사 메뉴로, 간식으로도 완벽합니다.

약 8개 분량

Wet

Ingredients

쌀	320g
아몬드	90g
홈 메이드 두유 (45p)	200ml
대추야자 시럽 (49p)	250g
레몬즙	4t
소금	2t
올리브오일	100g
베이킹 파우더	2t
베이킹소다	0.5t
치아 시드	40g

Recipe

1. 쌀은 물에 약 3시간 이상 불린다.
2. 컨테이너에 불린 쌀과 아몬드, 홈 메이드 두유, 대추야자 시럽, 레몬즙, 소금을 넣고 뚜껑을 닫아 본체와 결합한다.
3. 본체 다이얼의 가장 낮은 속도에서 작동 버튼을 누르고 가장 높은 속도로 다이얼을 돌린다.
4. 단단한 재료가 균일하게 블렌딩되도록 탬퍼를 사용해 재료를 가운데로 모아준다.
5. 약 60초 또는 재료의 입자가 작아지면 속도를 4로 낮추고 뚜껑의 플러그를 열어 올리브오일을 넣고 20초 이내로 블렌딩한다.
6. 뚜껑의 플러그로 베이킹 파우더와 베이킹소다를 넣고 20초 이내로 블렌딩한다.
7. 반죽이 균일하게 블렌딩되면 작동을 멈추고 컨테이너와 본체를 분리한 후 치아 시드를 넣어 주걱으로 섞는다.
8. 유산지 컵을 넣은 머핀 틀에 **7**을 팬닝하고 180°C로 예열된 오븐에 약 20~25분 굽는다.

Tip

- 생아몬드와 볶은 아몬드 모두 사용 가능하며, 볶은 아몬드를 사용하면 소화 흡수율이 좀 더 높고 고소한 맛이 난다.
- 올리브오일은 다른 식용유로 대체할 수 있다.
- 대추야자 시럽은 메이플 시럽 160g으로 대체할 수 있다.
- 기호에 따라 바나나, 오트밀, 코코넛, 건포도 등의 재료를 추가해도 좋다.
- 오븐 성능에 따라 굽는 시간에 차이가 있을 수 있으니 구움색을 보고 판단한다.
- 이쑤시개를 이용해 반죽 중앙을 찔러 반죽이 묻어나오지 않으면 완성한다.

BANANA BREAD

바나나 브레드

달달하고 든든한 바나나를 이용한 디저트입니다.
아침 식사 대용이나 티 타임에 간단한 간식으로도 즐길 수 있어 온 가족이 좋아하는 메뉴입니다.
바이타믹스를 사용하면 베이킹도 더 쉽고 빠르게 완성할 수 있습니다.

약 6조각 분량

Wet

Ingredients

무염 버터	110g
아몬드 버터 (37p)	100g
달걀	2개
바나나	3개 (약 300g)
바닐라 익스트랙	1.5t
박력분	240g
베이킹 파우더	1t
베이킹소다	0.25t
소금	0.25t
시나몬 파우더	2t
황설탕	120g

Recipe

1. 무염 버터, 아몬드 버터, 달걀, 바나나, 바닐라 익스트랙을 컨테이너에 넣고 뚜껑을 닫아 본체와 결합한다.
2. 본체 다이얼의 가장 낮은 속도에서 작동 버튼을 누르고 속도 5~6으로 다이얼을 돌린다.
3. 단단한 재료가 균일하게 블렌딩되도록 탬퍼를 사용해 재료를 가운데로 모아준다.
4. 약 20초간 블렌딩하고 컨테이너와 본체를 분리한 후 뚜껑을 열어 박력분, 베이킹 파우더, 베이킹소다, 소금, 시나몬 파우더, 황설탕을 넣는다.
5. 속도를 4로 낮추고 재료가 균일하게 블렌딩되도록 탬퍼를 사용해 재료를 가운데로 모아준다.
6. 재료가 균일하게 블렌딩되면 오븐 용기에 **5**를 팬닝하고 170°C로 예열된 오븐에 약 45~60분 굽는다.

Tip

- 오븐 성능에 따라 굽는 시간에 차이가 있을 수 있으니 구움색을 보고 판단한다.
- 이쑤시개를 이용해 반죽 중앙을 찔러 반죽이 묻어나오지 않으면 완성한다.
- 피칸, 호두, 건포도 등 다양한 재료를 추가해도 좋다.

PANG JI KAJU

팡 지 케이주

팡 지 케이주는 쫄깃한 식감과 고소한 치즈의 향이 특징인 브라질 전통 치즈 빵입니다.
밀가루를 사용하지 않고 매우 간단하게 만들 수 있는 레시피이지만, 누구나 좋아하는 맛으로 완성됩니다.

약 6개 분량

Wet

Ingredients

달걀	2개
우유	2/3컵 (약 160ml)
타피오카 전분	1컵 (약 130g)
슈레드 체더 치즈	1컵 (약 100g)
파르메산 치즈가루	1/2컵 (약 70g)
슈레드 모차렐라 치즈	1컵 (약 100g)
무염 버터	50g
소금	1t
올리브오일	2T

Recipe

1. 모든 재료를 컨테이너에 순서대로 넣고 뚜껑을 닫아 본체와 결합한다.
2. 본체 다이얼의 가장 낮은 속도에서 작동 버튼을 누르고 가장 높은 속도로 다이얼을 돌린다.
3. 재료가 균일하게 블렌딩되도록 탬퍼를 사용해 재료를 가운데로 모아준다.
4. 약 30초 또는 재료가 균일하게 블렌딩되면 작동을 멈춰 완성한다.
5. 유산지 컵을 넣은 머핀 틀에 4를 팬닝하고 200°C로 예열된 오븐에 약 25~30분 굽는다.

Tip

- 무염 버터는 실온에 두어 부드러운 상태로 준비한다.
- 치즈의 종류와 비율은 개인의 취향에 맞게 조절할 수 있다.
- 슈레드 치즈가 없다면 통치즈를 드롭 초핑(28p) 기능으로 다져 사용한다.
- 오븐 성능에 따라 굽는 시간에 차이가 있을 수 있으니 구움색을 보고 판단한다.
- 이쑤시개를 이용해 반죽 중앙을 찔러 반죽이 묻어나오지 않으면 완성한다.

BROWNIE TRUFFLES

브라우니 트러플

바이타믹스 본사 100주년 기념 쿡 북의 레시피를 소개합니다.
밀가루 대신 곱게 간 아몬드로 만드는 트러플 모양 브라우니입니다. 아이들과 함께 블렌딩한 반죽을 둥글게 뭉쳐 만들기에도 재미있는 간식입니다. 취향에 따라 건조 과일이나 견과류를 첨가해도 좋습니다.

약 10개 분량

Wet

Ingredients

볶은 아몬드	2컵 (약 280g)
코코아 파우더	1컵 (약 120g)
건크랜베리	1/2컵 (약 70g)
아마씨	1/2컵 (약 80g)
올리브오일	1T

Recipe

1. 모든 재료를 컨테이너에 순서대로 넣고 뚜껑을 닫아 본체와 결합한다.
2. 본체 다이얼의 가장 낮은 속도에서 작동 버튼을 누르고 가장 높은 속도로 다이얼을 돌린다.
3. 단단한 재료가 균일하게 블렌딩되도록 탬퍼를 사용해 재료를 가운데로 모아준다.
4. 약 45초 또는 재료가 균일하게 블렌딩되면 작동을 멈춘다.
5. 4를 먹기 좋은 크기로 동글게 뭉쳐 모양을 만들어 완성한다.

Tip

- 아몬드는 오븐에 살짝 굽거나 프라이팬에 기름 없이 볶아 사용한다.
- 코코아 파우더, 딸기 파우더 등 다양한 파우더 위로 브라우니를 굴려 색과 맛을 입힐 수 있다.

BANANA OATMEAL PANCAKES

바나나 오트밀 팬케이크

아이들이 좋아하는 아침 메뉴인 팬케이크를 밀가루를 사용하지 않고 바나나와 오트밀, 달걀을 베이스로 만들었습니다.
간단하지만 맛있고 건강한 레시피입니다.

약 2~3인 분량

Wet

Ingredients

바나나	2개 (약 200g)
오트밀	1½컵 (약 120g)
달걀	4개
시나몬 파우더	1t
바닐라 시럽	1t

Recipe

1. 모든 재료를 컨테이너에 순서대로 넣고 뚜껑을 닫아 본체와 결합한다.
2. 본체 다이얼의 가장 낮은 속도에서 작동 버튼을 누르고 가장 높은 속도로 다이얼을 돌린다.
3. 재료가 균일하게 블렌딩되도록 탬퍼를 사용해 재료를 가운데로 모아준다.
4. 약 30초 또는 되직한 반죽의 상태가 되면 작동을 멈춰 완성한다.
5. 완성된 반죽은 3~5분간 실온에 휴지시킨다.
6. 예열한 프라이팬에 기름이나 버터를 두르고 **5**를 부은 후, 앞뒤로 노릇하게 구워 완성한다.

Tip

- 대추야자 시럽(49p)이나 메이플 시럽을 곁들이면 더욱 맛있게 즐길 수 있다.
- 시나몬 파우더는 생략할 수 있다.
- 반죽에 초코칩 또는 블루베리를 넣으면 다양한 맛으로 즐길 수 있다.

CRUNCHY POTATOES

크런치 포테이토

겉은 튀긴 듯 바삭하고, 속은 포슬포슬한 감자의 식감이 그대로 살아 있는 크런치 포테이토입니다.
아이들 간식으로도, 색다른 반찬으로도, 술안주로도 잘 어울리는 요리입니다.

약 3~4인 분량

Wet

Ingredients

익힌 감자	4개 (약 600g)
감자 전분	1/3컵 (약 45g)
다진 마늘 (55p)	0.5t
파르메산 치즈가루	3T
로즈마리	0.5t
파프리카 파우더	0.5t
소금	0.5t
후추	약간

Recipe

1. 모든 재료를 컨테이너에 순서대로 넣고 뚜껑을 닫아 본체와 결합한다.
2. 본체 다이얼의 가장 낮은 속도에서 작동 버튼을 누르고 가장 높은 속도로 다이얼을 돌린다.
3. 재료가 균일하게 블렌딩되도록 탬퍼를 사용해 재료를 가운데로 모아준다.
4. 약 45초 또는 재료가 균일하게 블렌딩되면 작동을 멈춰 완성한다.
5. 완성된 반죽을 동그랗고 납작하게 만든다.
6. 예열한 프라이팬에 기름을 넉넉히 두르고 노릇해질 때까지 앞뒤로 튀긴다.

Tip

- 감자는 젓가락이 쉽게 들어갈 정도로 찜기나 오븐, 전자레인지로 부드럽게 익힌다.
- 햄이나 베이컨 등의 재료를 추가해도 좋다.
- 파프리카 파우더는 생략 가능하다.

SWEET PUMPKIN INJEOLMI

단호박 인절미

유명 떡집 부럽지 않은 극강의 쫄깃함과 고소함을 자랑하는 단호박 인절미를 소개합니다.

약 3인 분량

콩가루 Dry

인절미 Wet

Ingredients

백태 (백두)	400g

Tip.

- 인절미나 빙수에 사용하는 콩가루는 설탕을 추가해 블렌딩해도 좋다.
- Dry 컨테이너가 없다면 Wet 컨테이너로 사용할 수 있다.

콩가루❖

Recipe

1. 백태를 물에 4시간 이상 충분히 불린다.
2. 불린 백태는 약불로 약 25분 볶아 수분을 날린다.
3. **2**를 충분히 식히고 컨테이너에 넣어 뚜껑을 닫고, 탬퍼를 사용해 재료를 가운데로 모아주며 45~60초간 고속으로 그라인딩한다.

Ingredients

찹쌀	340g
손질한 단호박	200g
물	200ml
설탕	4T
소금	2t
참기름	적당량
콩가루❖	적당량

Tip.

- 단호박은 전자레인지에 약 3분 정도 돌려 부드럽게 만든 후, 껍질과 씨를 제거하고 사용한다.
- 시판용 카스텔라를 Dry 컨테이너에 곱게 갈아 콩가루 대신 겉에 입혀 완성해도 색다르고 달콤한 맛으로 완성할 수 있다.

단호박 인절미

Recipe

1. 찹쌀은 물에 약 3시간 이상 불린다.
2. 참기름과 콩가루를 제외한 모든 재료를 컨테이너에 순서대로 넣고 뚜껑을 닫아 본체와 결합한다.
3. 본체 다이얼의 가장 낮은 속도에서 작동 버튼을 누르고 가장 높은 속도로 다이얼을 돌린다.
4. 단단한 재료가 균일하게 블렌딩되도록 탬퍼를 사용해 재료를 가운데로 모아준다.
5. 약 45초 또는 재료가 균일하게 블렌딩되면 작동을 멈춰 완성한다.
6. 압력밥솥에 **5**를 넣고 찜 기능으로 40분간 익힌다.
7. 반죽이 들러붙지 않도록 비닐 팩 안쪽에 참기름을 바르고 한 김 식힌 **6**을 올려 치대고 사각 용기로 옮겨 모양을 잡는다.
8. 넓은 그릇에 콩가루를 뿌려준 후 충분히 식힌 **7**을 올려 앞뒤로 콩가루를 묻혀 자른다.

EOMUK BAR

어묵바

휴게소 대표 간식 중 하나인 어묵바입니다. 가족들이 좋아하는 재료를 사용해 집에서 더욱 맛있게 만들 수 있어 좋은 레시피입니다.

약 3~4인 분량

Wet

Ingredients

흰살생선	250g
새우	200g
달걀	1개
맛술	3T
양파	1/4개
당근	1/2개
파프리카	1/2개
밀가루	4T
전분	2T
설탕	0.5T
소금	1T

Recipe

1. 컨테이너에 흰살생선, 새우, 달걀, 맛술을 넣고 뚜껑을 닫아 본체와 결합한다.
2. 탬퍼를 사용하여 재료를 컨테이너 코너에서 칼날 쪽으로 보내듯이 눌러준다.
3. 본체 다이얼의 가장 낮은 속도에서 작동 버튼을 누르고 가장 높은 속도로 다이얼을 돌린다.
4. 약 30~45초 또는 재료가 균일하게 블렌딩되면 속도 다이얼을 낮추고 작동을 멈춘 후, 믹싱볼에 옮겨 담는다.
5. 4의 컨테이너에 컨테이너 반 정도의 물과 주방세제 한 방울을 넣어 뚜껑을 닫는다.
6. 본체 다이얼의 가장 낮은 속도에서 작동 버튼을 누르고 가장 높은 속도로 다이얼을 돌려 컨테이너를 세척한다.
7. 세척한 컨테이너는 뚜껑을 닫고 본체에 결합해 속도를 5~6으로 올린다.
8. 뚜껑의 플러그를 열고 양파, 당근, 파프리카를 칼날을 향해 떨어뜨려 다진다.
9. **8**에 **4**와 남은 재료를 모두 넣고 속도 1로 블렌딩하며 탬퍼를 이용해 컨테이너 안의 재료들을 골고루 섞는다.
10. 완성된 반죽을 원하는 모양으로 만든 후, 달궈진 프라이팬에 기름을 넉넉히 두르고 튀겨 완성한다.

Tip

- 생선은 가시를 제거한 흰살생선의 살만 사용하고, 새우는 꼬리를 제거한 후 사용한다.
- 컨테이너 세척은 자동 세척(28p) 기능을 참고한다.
- 고추를 추가하면 매운맛의 어묵바가 완성된다.
- 반죽이 묽을 경우 밀가루를 조금씩 추가해 되기를 조절한다.
- 8번 과정은 드롭 초핑(28p)을 참고해 다진다.

DRY INGREDIENTS GRINDING

마른 재료 그라인딩

01. 천연 조미료

02. 견과류 그라인딩

03. 고춧가루

04. 미숫가루

NATURAL SEASONING

천연 조미료

국이나 찌개, 볶음 요리를 만들 때 한 스푼만 추가해도 깊은 맛이 살아나는 천연 조미료입니다.
감칠맛이 필요한 모든 요리에 사용해 보세요.

Dry

Ingredients

건새우	1컵 (약 40g)
건표고	1컵 (약 40g)

Recipe

1. 모든 재료를 컨테이너에 넣고 뚜껑을 닫아 본체와 결합한다.
2. 본체 다이얼의 가장 낮은 속도에서 작동 버튼을 누르고 가장 높은 속도로 다이얼을 돌린다.
3. 단단한 재료가 균일하게 그라인딩되도록 탬퍼를 사용해 재료를 가운데로 모아준다.
4. 약 45초 또는 원하는 입자가 되면 작동을 멈춰 완성한다.

Tip

- 손질된 멸치, 다시마 등을 사용하면 다양한 천연 조미료를 만들 수 있다.
- Dry 컨테이너가 없다면 Wet 컨테이너로 사용할 수 있다.

NUT GRINDING

견과류 그라인딩

베이킹이나 샐러드 토핑 등 견과류를 작은 알갱이로 분쇄할 때,
바이타믹스의 모터와 칼날의 힘을 빌려 아주 쉽게 완성해 보세요.

Dry

Ingredients

견과류	필요량

Recipe

1. 재료를 컨테이너에 넣고 뚜껑을 닫는다.
2. 컨테이너를 본체에 결합하고 속도 5로 올린다.
3. 펄스 기능을 사용해 질감을 살려 다진다.
4. 재료가 균일하게 블렌딩되도록 탬퍼를 사용해 재료를 가운데로 모아준다.
5. 원하는 입자의 크기로 고르게 그라인딩되면 작동을 멈춰 완성한다.

Tip

- 견과류는 필요한 만큼 사용하되 칼날이 충분히 덮일 정도로 사용한다.
- 견과류는 호두, 피칸, 아몬드 등 원하는 견과류를 사용한다.
- 작은 입자로 그라인딩한 후 멸치볶음, 볶음김치 등에 토핑으로 사용해도 좋다.
- Dry 컨테이너가 없다면 Wet 컨테이너로 사용할 수 있다.

Vitamix
3
2
1
10
9

RED PEPPER POWDER

고춧가루

한국의 다양한 음식에 들어가는 고춧가루는 바이타믹스의 마른 재료 그라인딩 기능을 이용해
원하는 크기의 입자로 분쇄할 수 있습니다.
김장철은 물론, 한식 밥상에 빠뜨릴 수 없는 고춧가루를 이제 바이타믹스로 손쉽게 완성해보세요.

Dry

Ingredients

말린 고추	100~150g

Recipe

1. 재료를 컨테이너에 넣고 뚜껑을 닫아 본체와 결합한다.
2. 본체 다이얼의 가장 낮은 속도에서 작동 버튼을 누르고 가장 높은 속도로 다이얼을 돌린다.
3. 재료가 균일하게 그라인딩되도록 탬퍼를 사용해 재료를 가운데로 모아준다.
4. 약 45초 또는 원하는 입자의 크기가 되면 작동을 멈춰 완성한다.

Tip

- 고추는 꼭지와 씨를 제거한 후 깨끗이 닦아 말린 고추를 사용한다.
- 더 작은 입자의 고춧가루를 만들고 싶다면 그라인딩 시간을 늘린다.
- Dry 컨테이너가 없다면 Wet 컨테이너로 사용할 수 있다.

MISUTGARU

미숫가루

다양한 곡물을 볶아 고소하게 즐길 수 있는 미숫가루. 바이타믹스만 있다면 집에서도 간편하게 만들 수 있습니다.
한번 만들어 두면 우유나 물에 타 먹어도 좋고, 인절미 떡을 만들거나 팥빙수 토핑으로도 사용할 수 있어 활용도가 높습니다.

Dry

Ingredients

백태 (백두)	60g
쌀	60g
보리	60g
흑임자	40g

Recipe

1. 모든 곡물은 깨끗이 씻어 물기를 완전히 말린 후, 달궈진 팬에 충분히 볶아 식힌다.
2. **1**을 컨테이너에 넣고 뚜껑을 닫아 본체와 결합한다.
3. 본체 다이얼의 가장 낮은 속도에서 작동 버튼을 누르고 가장 높은 속도로 다이얼을 돌린다.
4. 단단한 재료가 균일하게 그라인딩되도록 탬퍼를 사용해 재료를 가운데로 모아준다.
5. 약 45초 또는 고운 분말 상태가 되면 작동을 멈춰 완성한다.

Tip

- 들깨나 참깨, 서리태, 흑미 등 다양한 곡물을 사용해 만들 수 있다.
- 완성된 가루는 우유나 물에 타 대추야자 시럽(49p)을 넣어 먹으면 더욱 건강하게 즐길 수 있다.
- Dry 컨테이너가 없다면 Wet 컨테이너로 사용할 수 있다.

바이타믹스 코리아
웹사이트 QR 코드

더 많은 바이타믹스 제품/레시피 정보는
바이타믹스 코리아 웹사이트에서 확인 가능합니다.